Constanze Hacke

Selbstständig und dann?

Constanze Hacke

Selbstständig und dann?

*Wie Freiberufler langfristig
erfolgreich werden*

WILEY-VCH Verlag GmbH & Co. KGaA

1. Auflage 2012

Alle Bücher von Wiley-VCH werden sorgfältig erarbeitet. Dennoch übernehmen Autoren, Herausgeber und Verlag in keinem Fall, einschließlich des vorliegenden Werkes, für die Richtigkeit von Angaben, Hinweisen und Ratschlägen sowie für eventuelle Druckfehler irgendeine Haftung.

Bibliografische Information der Deutschen Nationalbibliothek

Die Deutsche Nationalbibliothek verzeichnet diese Publikation in der Deutschen Nationalbibliografie; detaillierte bibliografische Daten sind im Internet über http://dnb.d-nb.de abrufbar.

© 2012 Wiley-VCH Verlag & Co. KGaA, Boschstr. 12, 69469 Weinheim, Germany

Printed in the Federal Republic of Germany

Gedruckt auf säurefreiem Papier.

Satz: Mitterweger und Partner, Plankstadt
Druck und Bindung: CPI – Ebner & Spiegel, Ulm
Umschlaggestaltung: init GmbH, Bielefeld

ISBN 978-3-527-50625-5

Für Nelly und Andreas

Inhalt

Vorwort

Die besten Ideen entstehen bekanntlich nicht am Schreibtisch, sondern dort, wo die Gedanken nicht durch Computerbildschirm, Notizblock und Telefon beschränkt werden. So war es auch bei diesem Buch: Die Idee dazu reifte auf einem Waldspaziergang. Auf meinen Seminaren berichteten die Teilnehmer immer wieder über die gleichen Probleme – nur selten haben sie eine fundierte Kalkulation erstellt, in Verhandlungen meist den Kürzeren gezogen, finden kaum die Zeit für strukturierte Positionierung, haben wenig Muße für systematische Akquise und sehen keine Notwendigkeit für langfristige Strategien.

Irgendwie muss das doch anders laufen können. Es gibt so viele Ratgeber, die einem erklären, wie man eine freiberufliche Existenz gründet. Aber wie es dann weiter gehen soll, sagt einem niemand. Und gerade die Kreativen unter den Freiberuflern tun sich mit den unternehmerischen Aspekten ihrer Selbstständigkeit schwer. Warum also nicht ein Buch, das da weiterhilft, wo andere einen allein lassen? Ein Ratgeber, der Freiberufler begleitet, die weiterkommen wollen. Die den Absprung schaffen wollen aus dem Klein-Klein und sich in jeder Hinsicht professioneller aufstellen wollen. So entstand die Idee für »Selbstständig und dann?«.

Damit Sie wissen, wo Sie beruflich stehen, finden Sie im ersten Teil dieses Buches Anleitungen für eine Bestandsaufnahme Ihrer Freiberuflichkeit. Auf die Ergebnisse können Sie dann die Lösungsstrategien aus dem zweiten Teil anwenden. Dabei könnte so manche Analyse für Sie recht schonungslos ausfallen. Das ist beabsichtigt: Ich möchte Sie zum Nachdenken motivieren – und zum Handeln. Denn nur so können Sie auf Dauer als Freiberufler erfolgreich sein. Interviews mit Experten und Freiberuflern, die den Schritt ins Profigeschäft geschafft haben, sollen Ihnen Tipps und Hinweise für die

Praxis liefern. Zusätzlich finden Sie auf der beiliegenden CD-Rom Checklisten und Vorlagen für die strategische Arbeit an Ihrem Unternehmen.

Dieses Buch ist für Freiberufler geschrieben und richtet sich vor allem, jedoch nicht ausschließlich, an die Kreativen unter ihnen. Alle Beispiele, die Sie im Buch finden, sind echt und aus dem Leben gegriffen. Aufgrund der Vielfältigkeit der Berufsgruppen unter den Freiberuflern können die Beispiele natürlich nur eine Auswahl darstellen. Bitte fühlen Sie sich trotzdem angesprochen. Meine Erfahrung hat gezeigt, dass die Probleme quer durch alle Freiberufler-Berufsgruppen ähnlich gelagert sind.

Dieses Buch soll Ihnen Mut machen. Denn Einzelkämpfer zu sein bedeutet nicht zwangsläufig mittelmäßig zu sein. Es lohnt sich, als Freiberufler die Profi-Liga anzustreben. Dieses Buch will Ihnen dabei helfen – damit Sie den Aufstieg schaffen!

Freiberufler brauchen Verbündete. Auch ich hätte dieses Buchprojekt allein nicht geschafft. Deswegen an dieser Stelle ein Dankeschön an all diejenigen, die mich unterstützt haben in dieser Zeit. Zuallererst an meinen Mann, der mir viel Input für die Idee zu diesem Buch gegeben und die richtigen Fragen zur richtigen Zeit gestellt hat. Allen meinen Interviewpartnern möchte ich für die Bereitschaft danken, ihre Erfahrungen und Expertise mit den Lesern zu teilen.

Ohne das Netzwerk Texttreff (texttreff.de) gäbe es dieses Buch wahrscheinlich nicht. Namentlich möchte ich mich bei Andrea Behnke für das umfangreiche und immer konstruktive Feedback bedanken; bei Eva Engelken für den Feinschliff beim Exposé, Henrike Dörr für den entscheidenden Verlagstipp und bei Natascha Renz, Andrea Görsch und Tina Pruschmann für ihre hilfreichen Praxisbeispiele. Ein Dankeschön geht auch an die Rechtsanwältinnen Susanne Christ und Petra Dropmann für das juristische Gegenlesen. Meiner Agentin Sylvia Schaab möchte ich Danke sagen für das Vertrauen in das Buchprojekt und den langen Atem, den sie bewiesen hat – und meiner Verlagslektorin Jutta Hörnlein für die Geduld und die produktive Zusammenarbeit an diesem Buch.

Übrigens: Ich freue mich auch über Ihr Feedback – über Erfolgsgeschichten, Ergänzungen und Kritik. Schreiben Sie mir einfach eine E-Mail: frei@selbststaendig-und-dann.de Und wenn Sie mögen, halten Sie sich im Blog zum Buch auf dem Laufenden über die Themen, die Sie bewegen: www.selbststaendig-und-dann.de

Ich wünsche Ihnen eine spannende, erkenntnisreiche Lektüre!

Ihre
Constanze Hacke

Köln, Oktober 2011

Geleitwort

Selbst und ständig arbeiten, dies ist die Kurzformel für die Selbstständigen auch in den Freien Berufen – eine Daseinsform, die sich
mit den Jahren nicht ändert, selbst wenn der Adrenalinpegel der Existenzgründung nachgelassen oder man sich an ihn gewöhnt hat. Ist
die Dienstleistung am Markt platziert, muss die Position gesichert
und könnte dann ausgebaut werden. Exklusiv zuständig ist der einzelne Freiberufler. Schließlich ist er CEO, CIO, CTO, COO und auch
CFO in einem.

Bei diesem Aufgabenspektrum helfen ein festes Nervenkostüm
und auch die Erkenntnis, dass Talent allein nicht genügt. Das Psy-
chogramm muss stimmen. Leidenschaft, Kreativität, Belastbarkeit,
Durchhaltevermögen, Leistungs- und Risikobereitschaft sowie Selbst-
kritik gehören dazu. Freie Berufe müssen sich zudem ihrer Gemeinwohlverpflichtung bewusst sein. Sie stehen im Dienst wichtiger Güter
wie der Gesundheit, des Rechtsstaats, der Sicherheit oder der Kunst.
So muss jeder von ihnen neben der individuellen Verantwortung für
seinen Kunden auch die gesamtgesellschaftliche Verantwortung ver-
kraften, können Fehlleistungen doch auch der Allgemeinheit scha-
den.

Als Freiberufler muss man sich und die Prozesse ständig reflektieren: Man muss sicher sein, auf den Sicherheitsanker einer Arbeit-
nehmer-Biografie verzichten zu können und das Unternehmer-Gen
in sich zu tragen. Wer wachsen will, muss nüchtern Ausgangslage
und Marktchancen analysieren. Den eigenen Businessplan durchzu-
blättern, reicht nicht. Für die notwendige Rationalität, vielleicht auch
Erkenntnis-Brutalität, kann die Expertise von externen Beratern sorgen.

Selbstständig und dann? Constanze Hacke
Copyright ©2012 WILEY-VCH GmbH & Co. KGaA, Weinheim

Gut zu sein und mit Engagement für seine Klienten, Mandanten, Patienten und Kunden rund um die Uhr zu arbeiten, ist für Selbstständige in Freien Berufen unverzichtbar. Allerdings ist es für viele eine Herausforderung, (betriebs-) wirtschaftlich zu denken. Doch aus den Rahmendaten muss sich die Tragfähigkeit ableiten lassen. Eine vorausschauende Finanz- und Liquiditätsplanung mit allen Fixpunkten und Variablen ist genau so unverzichtbar wie ein unverstellter Blick auf Rentabilität und Kalkulationsbasis, will man nicht irgendwann von der pekuniären Wirklichkeit eingeholt werden.

Auf den Prüfstand gehört ebenso das »Humankapital«: Der Freiberufler kann über Fort- und Weiterbildung neue Kompetenzen mit den bisherigen vereinigen. Jeder, der Mitarbeiter beschäftigt, muss diese Wechselbeziehung prüfen, und zwar daraufhin, ob Aufgaben und Ziele sauber formuliert und Arbeitsprozesse effektiv strukturiert sind. Elementar aber ist, dass die eigenen Mitarbeiter auch Mitstreiter sind und dass sie das qualifizierte und motivierte Team sind, auf das man aufbauen kann. Schließlich schafft keiner alles allein. Vertrauen und Delegieren-Können schaffen Spielräume für zusätzliche Aufträge.

Weiterentwicklung ist keine reine Nabelschau. Epizentrum für Umbrüche sollte der eigene Patient, Mandant, Klient oder Kunde sein. Schließlich muss er die Leistung nachfragen. Langjährige Kunden sind sorgsam zu pflegen und neue zu überzeugen. Daher sollte auch die Akquise- und Marketingstrategie überdacht werden. Und vor allem muss der Bedarf erkannt werden. Wer sein Arbeitsfeld neu absteckt, optimiert oder Überholtes aussortiert, sollte einpreisen, dass Freie Berufe wegen ihrer kreativ-kompetenten Dienstleistungen immer mehr gefragt sind. Insgesamt ist ein deutlicher Trend zu Spezialisierung und Kooperationen spürbar.

Als Speerspitze der Dienstleistungsgesellschaft gibt es bei den Freien Berufen Wachstumspotenziale. Um die eigenen Potenziale zu erschließen, muss man sich jeden Tag neu erfinden. Die vielfältigen Berufsorganisationen bieten hier Hilfe, Orientierung und Impulse. Als Spiegel kann man weitere Netzwerke und Ratgeber, auch in Form von Büchern wie diesem, nutzen. Besonders wertvoll ist jedoch, dass jeder Selbstständige in den Freien Berufen nach einigen Jahren am Markt auf ein maßgeschneidertes, hochindividuelles und unbezahlbares Vademekum zurückgreifen kann: auf den eigenen Erfahrungsschatz.

Berlin, Juli 2011
Ulrich Schellenberg, Rechtsanwalt und Notar
Partner der Sozietät Schellenberg Unternehmeranwälte
Vizepräsident des Bundesverbandes der Freien Berufe
Vorsitzender des Berliner Anwaltsvereins

Teil I
Die Bestandsaufnahme

1
Wo komme ich her?

*Auf dem Weg zum Profi steht am Anfang eine generelle Bestandsauf-
nahme: Wie weit bin ich bisher mit meiner Freiberuflichkeit gekommen,
wie tragfähig ist das Ganze? Sitze ich nur im Hamsterrad oder bleibt Zeit
für eine strategische Positionierung am Markt? Und nicht zuletzt: Will
ich weiterhin selbstständig bleiben?*

Die Zahl der Freiberufler in Deutschland steigt stetig an (siehe Abbildung 1.1): Inzwischen sind es rund 1,14 Millionen Selbstständige,
die in Freien Berufen arbeiten. Die Vielfalt ist groß und die Spanne
reicht von Ärzten, Rechtsanwälten und Steuerberatern über Architekten und Ingenieure bis zu den freien Kulturberufen.

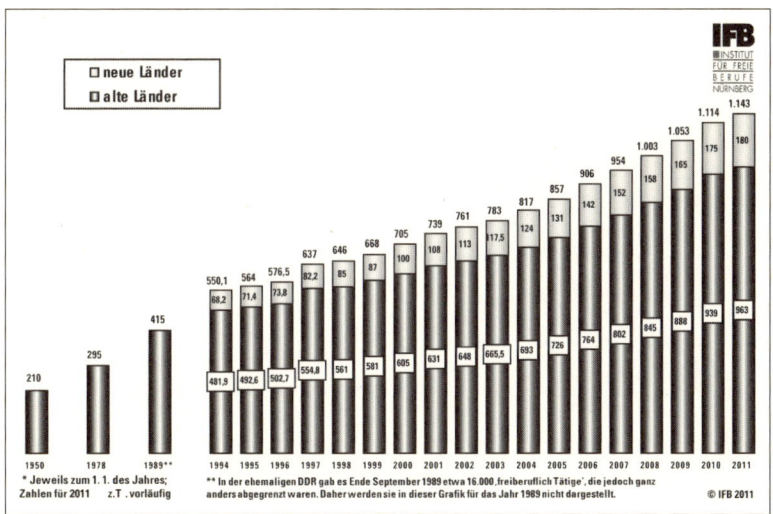

Abbildung 1.1: Entwicklung der Zahl der Selbstständigen in Freien Berufen in Deutschland
1950–2011* (in Tausend)[1]

1   Institut für Freie Berufe, Nürnberg 2011.

Dabei machen die Kreativen unter den Freiberuflern die größte Gruppe aus (siehe Abbildung 1.2): Zu ihnen gehören Designer, Übersetzer, Lektoren, Journalisten, Musiker, Fotografen, Webentwickler, Drehbuchautoren, Werbetexter oder Dozenten – und das ist nur eine Auswahl der kreativen Berufsbilder.

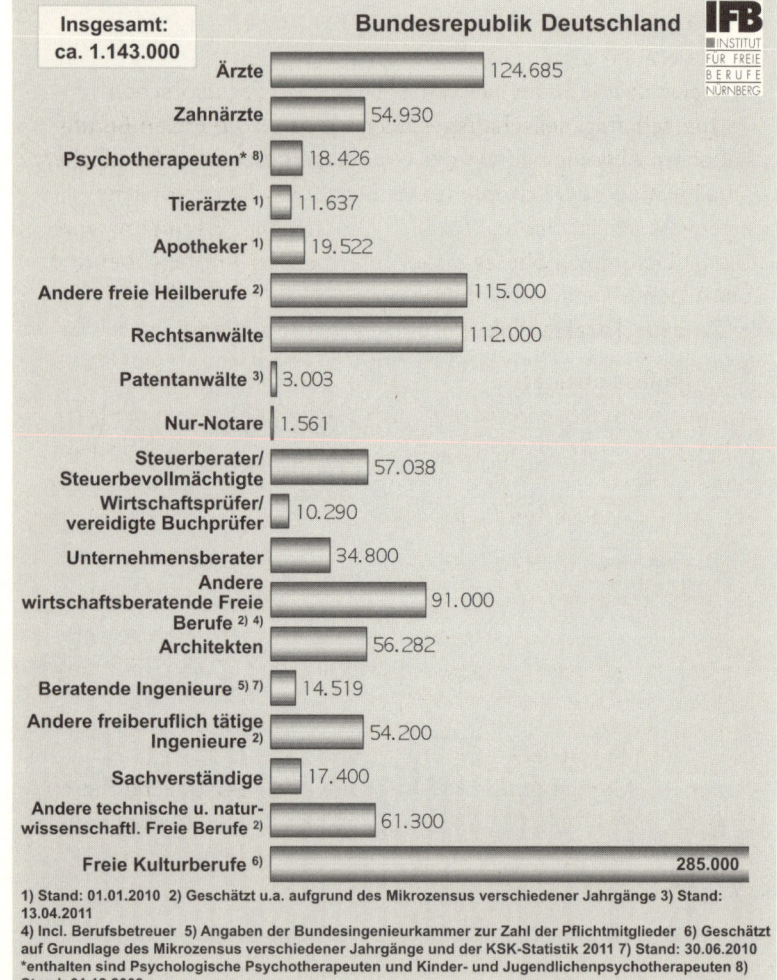

Abbildung 1.2: Struktur der Selbstständigen in Freien Berufen in Deutschland (Stand: 1. 1. 2011)[2]

2 Institut für Freie Berufe, Nürnberg 2011.

Erklärstück: Freie Berufe

Der Begriff »Freie Berufe« leitet sich von dem des freien Bürgers ab. Im antiken Rom durfte nur er sich bestimmte Fachkenntnisse und Fertigkeiten aneignen. Und schon damals galt: Seine Dienstleistungen und Produkte sollten nicht allein dem Individuum, sondern auch der Gesellschaft zugute kommen.

Vieles davon findet sich in der Definition des deutschen Partnerschaftsgesellschaftsgesetzes wieder: »Die Freien Berufe haben im Allgemeinen auf der Grundlage besonderer beruflicher Qualifikation oder schöpferischer Begabung die persönliche, eigenverantwortliche und fachlich unabhängige Erbringung von Dienstleistungen höherer Art im Interesse der Auftraggeber und der Allgemeinheit zum Inhalt.«[3]

Zu den Charakteristika der Freien Berufe zählen...

... Professionalität
In unserer immer komplexeren Gesellschaft benötigen die Menschen zunehmend kompetente Unterstützung. Fachlich und von den Interessen Dritter unabhängig, beraten, vertreten und helfen die hoch qualifizierten Freiberufler.

... Gemeinwohlverpflichtung
Freie Berufe stehen im Dienste wichtiger Gemeingüter wie der Gesundheit, des Rechtsstaats, der Sicherheit, der Sprache und der Kunst. Die der Allgemeinheit verpflichteten Freiberufler tragen dafür besondere Sorge.

... Selbstkontrolle
Patienten, Mandanten und Klienten erwarten persönliche Betreuung auf neuestem Kenntnisstand. Der hohe ethische Anspruch der Freiberufler und ihre strenge Selbstkontrolle garantieren gesicherte Qualität.

---

3 Bundesministerium der Justiz, *Gesetz über Partner-schaftsgesellschaften Angehöriger Freier Berufe*, http://www.gesetze-im-internet.de/partgg/index.html

... Eigenverantwortlichkeit
Wer Verantwortung übernimmt, schafft Vertrauen und sichert
Wachstum. Freiberufler sind mehrheitlich selbstständig tätig,
sie erwirtschaften 10,1 Prozent des Bruttoinlandsproduktes und
beschäftigen über drei Millionen Mitarbeiter.[4]

Die Motivation, sich selbstständig zu machen und eine eigene unternehmerische Existenz aufzubauen, war bei vielen Freiberuflern unterschiedlich. Der eine hat es aus Überzeugung getan, hat vielleicht eine Festanstellung aufgegeben, um als Freiberufler zu arbeiten. Die andere war möglicherweise gezwungen, in die Selbstständigkeit zu gehen – mangels Alternative, weil eine Entlassung bevorstand und die Arbeitslosigkeit drohte.

Nun steckt man im Alltagsgeschäft, hat Aufträge, Projekte, Mandate, Patienten. Was aber ist mit der mittelfristigen Perspektive? Irgendwann stehen Freiberufler an einem Wendepunkt in ihrem unternehmerischen Dasein. Manchmal werden sie darauf aufmerksam, weil eine wirtschaftliche Flaute sie härter erwischt als früher. Oder sie fragen sich, wie sie langfristig arbeiten und in Zukunft am Markt bestehen wollen. Möglicherweise zeigt manch einem aber auch das Volumen der Aufträge Grenzen der Machbarkeit – und es geht darum, wie das »Unternehmen Freiberufler« wachsen kann.

Die Frage, die sich viele Freiberufler an einem solchen Scheideweg stellen müssen, lautet: Mache ich so weiter wie bisher oder spiele ich in der Profi-Liga mit? Um diese Frage beantworten zu können, müssen Sie zunächst eine ehrliche, möglicherweise schonungslose Bestandsaufnahme vornehmen und Ihre derzeitige Position bestimmen. Erst dann ist es möglich, Schritt für Schritt von der Amateurliga zu den Profis der Freiberufler zu wechseln – und unternehmerisch langfristig erfolgreich zu sein.

---

4 Bundesverband der Freien Berufe, Berlin 2011.

1.1 Positionsbestimmung und Bestandsaufnahme: Wie professionell bin ich?

Vielleicht kennen Sie aus Ihrer eigenen freiberuflichen Tätigkeit das Gefühl: Irgendetwas muss sich ändern, irgendetwas muss sich in eine andere Richtung entwickeln. Raum für solche strategischen Überlegungen lässt der Alltag kaum. Dieses Buch soll Ihnen helfen, sich diesen Raum zu schaffen. Denn wenn Sie Ihr Unternehmen voranbringen wollen, ist ab und zu eine strategische Auszeit notwendig.

Die ersten Leitgedanken für eine derartige strategische Reflexion lauten:

- Wo komme ich her?
- Wo will ich hin?
- Wie kann ich in Zukunft am Markt bestehen?
- Womit will ich in zehn Jahren mein Geld verdienen?

Die Antworten auf diese Fragen können nur erste Hinweise geben. Um ein genaueres Bild Ihres Unternehmens zeichnen und Schwachstellen aufdecken zu können, müssen Sie ins Detail gehen:

1. Überprüfen Sie die Wirtschaftlichkeit Ihres Unternehmens.

Gerade in den kreativen freien Berufen, aber auch unter Heilberuflern und Naturwissenschaftlern zählen in aller Regel weder kaufmännische Kenntnisse noch betriebswirtschaftliches Knowhow zu den Kernkompetenzen. Die Folge: Sie machen selten eine fundierte Kalkulation, der Gewinn könnte durchaus höher sein. Der finanzielle Status quo sollte daher als Grundlage für Wachstum und Erfolg als Erstes durchleuchtet werden.

> Mehr Informationen zum Thema Kalkulation finden Sie in Kapitel 2 ab S. 31

2. Werfen Sie einen kritischen Blick in Ihr eigenes Portfolio.

Die wichtigste Frage dabei lautet: Machen Sie die Arbeit, weil Sie darin richtig gut sind und sie Ihnen deswegen Spaß macht? Oft rührt das unbestimmte Gefühl, auf der Stelle zu treten, aus einer mangelnden Positionierung, dem Fehlen eines klar umrissenen Alleinstellungsmerkmals. Und so mancher Freiberufler bestreitet seine Einnah-

> Mehr Informationen zum Thema Portfolio- und Konkurrenzanalyse finden Sie in Kapitel 3 ab S. 57

men aus Dienstleistungen, die er so eigentlich gar nicht mehr anbieten möchte. Betrachten Sie also Ihre individuellen Kernkompetenzen und vergleichen Sie Ihre Positionierung mit der Konkurrenz und dem Markt.

3. Checken Sie Ihre Kunden auf Herz und Nieren.

Mehr Informationen zum Thema Kundenanalyse finden Sie in Kapitel 3 ab S. 72

Auch Auftraggeber können die Ursache dafür sein, dass Ihr Unternehmen nicht ganz rund läuft – oder Ihre Kapazitäten aus dem Ruder laufen. Wenn Ihre Kunden für viel Arbeit sorgen, dabei aber nur kleine Budgets zur Verfügung stellen, müssen Sie sich vielleicht nach anderen umsehen. Die Analyse der eigenen Auftraggeber hilft ein gutes Stück weiter auf dem Weg zum langfristigen Erfolg.

Viele Freiberufler trauen sich nicht, über Wachstum nachzudenken, den nächsten Schritt in Richtung Professionalität zu tun – es könnte ja misslingen. Haben Sie ruhig den Mut, etwas zu wagen. Denn viel risikoreicher ist es, nichts zu verändern und keine übergeordneten Strategien zu entwickeln. Unabhängig davon, ob es ums Geld, um die Positionierung am Markt, neue Kunden oder das Wachstum und den Ausbau mit Mitarbeitern oder anderen Freiberuflern geht: Sie und Ihr Unternehmen können, wenn Sie überlegt vorgehen, nur gewinnen. An Professionalität, an mehr Wirtschaftlichkeit, an neuen Kunden und Ideen. Und letztlich sorgt dies vor allem dafür, dass Ihre Arbeit Ihnen Spaß macht – und Sie vielleicht sogar erfüllt.

1.2 ... und trotzdem sind Sie Unternehmer!

Einige Freiberufler sind irgendwann einmal unter denkbar schlechten Voraussetzungen gestartet: Sie haben ihre Selbstständigkeit nicht freiwillig gewählt oder arbeiten nur für den Zuverdienst. Möglicherweise sind sie als arbeitende Mütter oder Väter Teilzeitfrei. Sie fahren immer noch mit angezogener Handbremse oder können nicht genug Zeit in die Selbstständigkeit investieren. Sie haben wie viele andere Freiberufler auch das Gefühl ständig hinterherzulaufen, nicht agieren, sondern nur re-agieren zu können.

Gerade dann ist es wichtig, sich mit Themen wie Positionierung, Rentabilität und Kundenkreis zu befassen und die eigenen Strategien und Kompetenzen zu überprüfen. Sie sind schon eine Weile am Markt, befinden sich aber trotzdem weiterhin an der Schwelle zwischen »irgendwie durchschlagen« und »richtig durchstarten«. Die Kosten sind hoch, die psychische Belastung enorm. Nur aus der Not eine Tugend zu machen, reicht in dieser Phase der Freiberuflichkeit nicht (mehr) aus. Soll das Unternehmen langfristig am Markt bestehen, müssen Sie sich aus dem Alltag ausklinken und unternehmerische Ziele festlegen.

Die Lösungen für den Profi bestehen vor allem in folgenden Punkten:

1. Fundierte Kalkulation und mittelfristige Finanzplanung

Kalkulieren ist wichtig, fast noch wichtiger sind erfolgreiche Verhandlungen. Honorare müssen am Markt durchgesetzt werden können, sonst bringt die schönste Kalkulation nichts. Nicht jeder Freiberufler muss Buchführungsexperte werden, er muss aber trotzdem seine eigenen Zahlen interpretieren können. Und auf eine mittelfristige Finanz- und Liquiditätsplanung setzen.

Mehr Informationen zum Thema Verhandlungen und Finanzplanung finden Sie in Kapitel 4 ab S. 93

2. Positionierung stärken oder verändern

Im Lauf der Zeit können sich Schwerpunkte in der freiberuflichen Arbeit verschieben – durch Kunden, durch Erfahrungen in bestimmten Projekten, durch die Entwicklung individueller Vorlieben. Überprüfen Sie daher Ihre Positionierung in regelmäßigen Abständen. Fragen Sie sich, ob Ihr Geschäftsmodell noch erfolgreich ist oder ob es eine inhaltliche Neugestaltung geben muss. Vielleicht benötigen Sie neue Kompetenzen, um in Ihrer Wunschliga mitspielen zu können.

Mehr Informationen zum Thema Positionierung finden Sie in Kapitel 5 ab S. 127

3. Kundenkreis erweitern oder verändern

Vielen Freiberuflern fällt es schwer, offensiv neue Kunden zu gewinnen. Aber nicht nur bei einer veränderten Positionierung gilt: Akquise ist immer. Sie sollten sich regelmäßig darum

Mehr Informationen zum Thema Akquise finden Sie in Kapitel 6 ab S. 149

kümmern, neue Kunden zu gewinnen und bestehende Kunden zu halten. Dazu kommt die eigene Vermarktung als Experte oder Spezialistin, die wiederum neue Aufträge nach sich zieht.

4. Profi bleiben – in allen Lebenslagen

Mehr Informationen zum Thema Freiberuflichkeit mit Kindern finden Sie in Kapitel 7 ab S. 179

Bestimmte Lebenssituationen machen die Freiberuflichkeit nicht gerade leichter: Selbstständige mit Kindern oder zu pflegenden Angehörigen stehen vor speziellen Herausforderungen – nicht nur im Zeitmanagement, sondern auch in der Kommunikation und dem Umgang mit den eigenen Ressourcen und Kapazitäten. Hier heißt es, einen langfristigen Plan für effektives Arbeiten in der Freiberuflichkeit zu entwerfen.

5. Think bigger

Mehr Informationen zum Thema Mitarbeiter und Kooperationen finden Sie in Kapitel 8 ab S. 209

Freiberufler müssen nicht alles allein schaffen. Wer das versucht, läuft schnell Gefahr sich zu verzetteln. Professionell werden kann daher bedeuten, sich gemeinsam mit Mitarbeitern neu aufzustellen. Oder aber Sie suchen sich professionelle Mitspieler, um größere Aufträge bewältigen zu können.

1.3 Bleiben oder gehen? Die Entscheidung für oder gegen die weitere Selbstständigkeit als Freiberufler

Betriebswirtschaftlich betrachtet bewegt sich das unternehmerische Dasein in Wellen – schon allein deshalb, weil jede freiberufliche Existenz nicht isoliert von der allgemeinen Wirtschaftslage agieren kann. Jeder Freiberufler wird an irgendeinem Punkt seiner beruflichen Entwicklung festgestellt haben, dass die Aufträge nachlassen, um dann im Anschluss von neuen interessanten Projekten abgelöst zu werden. Eine kurze Flaute allein sagt noch nichts darüber aus, ob die selbstständige Freiberuflichkeit an sich tragfähig ist. Im Gegenteil: Durch strategisches Vorgehen können Sie diese Zeiten nutzen

– und gegebenenfalls sogar abfedern. Sie sollten auf jede dieser Entwicklungen gut vorbereitet sein.

Entscheidend für die Weiterentwicklung Ihres »Unternehmens Frei« sind andere Punkte. Wenn Sie ständig in bestimmte Fallen tappen, werden Sie mittelfristig keinen nachhaltigen Erfolg erzielen. Die fünf größten Fallen sind:

1. Zu optimistisch kalkulieren:
Wer Freiberufler sein will, muss richtig rechnen können. Das fällt so manchem schwer, der die betriebswirtschaftlichen Fähigkeiten nicht zu seinen unternehmerischen Kernkompetenzen zählt. Dabei ist es wichtig, die eigenen Schmerzgrenzen zu kennen – und sich bei der Kalkulation nicht selbst zu beschummeln. Nur so erwirtschaften Sie langfristig Gewinne.

2. Alles zur Chefsache machen:
Wer auf Dauer alles allein erledigen will, wird sich langfristig verzetteln. Technik, Buchhaltung, Ablage – all das sind Tätigkeiten, die nicht bei allen Freiberuflern zu den individuellen Stärken gehören. Lernen Sie also zu delegieren und sich hier und da zuarbeiten zu lassen. So haben Sie mehr Zeit fürs Wesentliche: Ihre Aufträge auszuführen.

3. Nicht »Nein« sagen können:
Freiberufler müssen lernen »Nein« zu sagen, und zwar immer dann, wenn Aufträge unrentabel sind oder Projekte nicht in die eigene Kernkompetenz fallen. Zum »Nein-Sagen« gehört außerdem, rechtzeitig Grenzen zu ziehen, um die Selbstausbeutung zu verhindern.

4. Klare Positionierung vermeiden:
Aus Angst, Aufträge erst gar nicht zu bekommen, setzt so mancher Freiberufler auf den Gemischtwarenladen. Das aber funktioniert auf mittlere Sicht nicht. Kunden suchen Spezialisten – erfolgreicher sind Sie, wenn Sie fast allein in einer Nische sind und schnell gefunden werden, als wenn Sie sich mit vielen anderen Konkurrenten auf einem großen Marktplatz tummeln. Stöbern Sie also lieber eine Nische auf, als dass Sie sich einen Bauchladen umhängen.

5. Den Spaßfaktor vergessen:

Freiberufler sind durch ihren Beruf geprägt und stark inhaltlich motiviert. Die Freude an der eigenen Arbeit ist etwas, was im Alltagsgeschäft der Selbstständigkeit verloren gehen kann. Aber die Selbstständigkeit ist auch ein Stück Freiheit, autonome Entscheidungen zu treffen und seinen eigenen Projekten nachgehen zu können. Freiheit, für die es sich lohnt, viel Herzblut zu investieren.

Manchmal entkommt man einigen dieser Fallen nur sehr schwer, zum Beispiel dann, wenn Frust und finanzielle Not sich zur existenziellen Bedrohung auswachsen. Dann kann es vielleicht sinnvoll sein, die eigene Selbstständigkeit auf Teilzeit zu reduzieren und sich einen Job zu suchen, der das Notwendigste abdeckt. Mit diesem Sicherheitspuffer lässt es sich dann unter Umständen besser agieren.

Wenn Sie diese Fallen aber bewusst wahrnehmen und strategische Ansätze für Lösungen entwerfen, haben Sie bereits die richtige Richtung eingeschlagen. Versuchen Sie, den Blickwinkel auf Ihr Unternehmen zu verändern, eine neue Perspektive einzunehmen. Bleiben Sie nicht stehen beim Status quo, sondern entwickeln Sie Strategien, wie Ihre Freiberuflichkeit in den nächsten fünf Jahren konzipiert sein sollte. Die folgenden Kapitel sollen Ihnen bei diesen Schritten helfen.

2

Wie rentabel ist mein Unternehmen?

Um zu beurteilen, wie tragfähig das eigene Unternehmen tatsächlich ist, müssen Zahlen her. Viele Freiberufler beschäftigen sich aber nur äußerst ungern und dazu noch selten mit betriebswirtschaftlichen Daten. Sie kalkulieren aus dem Bauch heraus und orientieren sich bei der Preisbestimmung daran, was der Kunde anbietet. Und wundern sich, dass die Wirtschaftlichkeit so auf der Strecke bleibt. Das Kapitel klärt daher – Schritt für Schritt – den finanziellen Status quo. Und es beschäftigt sich damit, wie notwendig eine gut durchgerechnete Kalkulation ist.

Geld spielt eine Rolle, auch für den Freiberufler. Eine große Rolle sogar, denn schließlich wollen Sie von Ihrem Unternehmen Ihren Lebensunterhalt bestreiten. Das funktioniert aber nur, wenn Sie Ihre Einnahmen und vor allem Ihre Ausgaben genau kennen – und diese Informationen nutzen, um darauf eine fundierte Kalkulation aufzubauen. Viele Freiberufler – vor allem in den kreativen Berufen, aber nicht nur dort – haben jedoch, egal wie lange sie am Markt sind, noch nie eine Kalkulation erstellt. Der eine oder die andere musste vielleicht für einen Gründungszuschuss oder einen Förderkredit einen Businessplan erstellen, aber seitdem ist einige Zeit vergangen. Die Zahlen sind längst nicht mehr aktuell, ein Überblick über die laufenden Kosten fehlt den meisten. Und so kommt es, dass Freiberufler sich immer wieder zu Preisen drängen lassen, die jenseits der individuellen Wirtschaftlichkeit liegen.

Ein erster Schritt auf dem Weg zu mehr Professionalität muss daher sein, sämtliche Kosten aufzustellen. Dazu gehören nicht nur die Ausgaben im betrieblichen Bereich, sondern auch das, was für den privaten Lebensunterhalt anfällt. Von der Miete bis zu den Lebensmitteln, von der Kinokarte bis zum Urlaub – diese Ausgaben müssen von dem bestritten werden, was das eigene Unternehmen abwirft. Im Klartext: Die Einnahmen müssen höher sein als sämtliche Ausgaben, ob nun betrieblich oder privat. Wenn Sie sich immer wieder auf Honorare jenseits der eigenen Schmerzgrenze einlassen, werden Sie auf Dauer nicht von Ihren Aufträgen leben können. Die eigene Arbeit muss sich im wahrsten Sinne des Wortes rechnen, damit am Ende des Monats genug übrig bleibt.

2.1 Mein Unternehmen: Wie viel gebe ich aus?

Weil es für die meisten Freiberufler am einfachsten ist, ihre betrieblichen Ausgaben festzustellen, fangen wir bei der Analyse des finanziellen Status quo genau hier an. Denn hierfür liegen Daten vor – aus der letzten Einnahmen-Überschuss-Rechnung für die Steuererklärung oder aus der aktuellen Betriebswirtschaftlichen Auswertung (BWA) des Steuerberaters.

Erklärstück: BWA

Die Betriebswirtschaftliche Auswertung (BWA) beruht auf den Zahlen der Buchhaltung und gibt dem Unternehmer während des laufenden Wirtschaftsjahres aus verschiedenen Blickwickeln Auskunft über seine finanzielle Situation. Hierzu zählen unterschiedliche Kennzahlen, zum Beispiel die Umsatzrendite, die Bewegungsbilanz, die Privatentnahmen oder die Liquidität. Die BWA ist notwendig, um bestimmte betriebliche Zusammenhänge besser zu verstehen und beurteilen zu können. Für Banken ist die BWA häufig eine Informationsquelle, um die Kreditwürdigkeit eines Unternehmens zu prüfen. Die BWA bietet dem Unternehmer viele Möglichkeiten, um die wirtschaftliche Lage seines Unternehmens richtig einschätzen zu können. Dazu müssen aber die einzelnen Kennziffern genau beobachtet und interpretiert werden, gegebenenfalls mit Unterstützung des Steuerberaters.

Viele Kosten tauchen immer wieder und meist in regelmäßiger Höhe auf und können damit leicht in die Kalkulation übernommen werden (siehe Abbildung 2.1 auf S. 36). Dazu gehören zum Beispiel

- Bürobedarf
- Porto
- Telefon und Internet
- Domainkosten und andere Ausgaben für die Homepage
- Beiträge zu Verbänden, Netzwerken, Berufsgenossenschaft
- Sachversicherungen
- laufende Kfz-Kosten
- Buchführungs- und Steuerberatungskosten
- Büromiete und Nebenkosten

Ausgaben, die jährlich anfallen – etwa die Berufshaftpflichtversicherung – werden auf einen monatlichen Betrag umgerechnet.

Andere Ausgaben schwanken: Mal wird gar kein Geld für diese Posten investiert, mal müssen Sie ziemlich viel dafür bezahlen. Sie entscheiden sich zum Beispiel dafür, Ihr Corporate Design aufzufrischen und müssen daher nicht nur die Rechnung des Designers begleichen, sondern auch die Druckkosten für neue Visitenkarten und Briefpapier bezahlen. Im darauf folgenden Jahr fallen diese Ausgaben dann wiederum nicht mehr in dieser Höhe an. Dann stehen vielleicht andere Überlegungen an, etwa, eine Fortbildung zu absolvieren oder ein besonderes Kundenmailing zu verschicken. Seien Sie also vor allem bei folgenden Positionen in der Kalkulation auf der Hut:

- Fremdleistungen anderer Dienstleister
- Werbekosten
- Geschenke
- Reisekosten
- Fortbildung/Seminare
- Zeitschriften, Bücher

Selbst wenn die Ausgaben hierfür in Ihrer aktuellen Einnahmen-Überschuss-Rechnung nicht sonderlich hoch sind, denken Sie genau darüber nach, was Sie für das kommende Jahr planen. Und gehen Sie kalkulatorisch auf Nummer sicher, damit Sie sich die Investitionen tatsächlich von Ihren Aufträgen leisten können.

Tipp

Bilden Sie in Ihrer Kalkulation zusätzlich Rücklagen für Investitionen – zum Beispiel für den Fall, dass der Drucker kaputtgeht oder Sie andere unerwartete Ausgaben haben. Zu solchen Rückstellungen sind Sie zwar kaufmännisch nicht verpflichtet – aber es hilft Ihnen, so zu kalkulieren, dass Ihre Honorare Unvorhergesehenes abfedern können.

Viele Freiberufler rechnen sich ihre Kosten schön. Die häufigsten Argumente sind:

> »Da kann ich doch sicher noch etwas sparen.«
> »Das muss ich doch jetzt nicht investieren.«
> »So viel habe ich dafür bislang nie ausgegeben.«
> »Das brauche ich nicht.«
> »Das kann ich mir nicht leisten.«

Das aber ist zu kurz gedacht. Denn wenn Sie Ihre Ausgaben unterschätzen und dann noch die Einnahmen zu optimistisch kalkulieren, werden Sie kurzfristig rote Zahlen auf Ihrem Kontoauszug wiederfinden. Diese Tipps sollen Ihnen helfen, mit kaufmännischer Vorsicht zu rechnen:

- Addieren Sie zu allen Kosten in Ihrer Einnahmen-Überschuss-Rechnung oder in Ihrer BWA zehn Prozent hinzu. So sind Sie auf der sicheren Seite und kalkulieren nicht zu knapp.
- Bilden Sie Rücklagen für Investitionen, zum Beispiel, wenn Sie einen neuen PC anschaffen wollen oder einen neuen Schreibtisch. So stellen Sie sicher, dass das Geld für diesen Fall wirklich vorhanden ist.
- Wenn Sie sich entschieden haben sich neu zu positionieren, heißt das auch, dass Sie in die Außendarstellung Ihres Unternehmens investieren müssen. Beziehen Sie daher solche Kosten ebenfalls in Ihre Kalkulation mit ein.

Die »Checkliste Betriebsausgaben« finden Sie auf der beigefügten CD.

Nun haben Sie schon einen ersten Überblick über Ihre Betriebsausgaben. Diese machen aber natürlich nur einen Teil Ihrer gesamten Kosten aus. Ein weiterer, wichtiger Bestandteil sind die Ausgaben, die für Absicherung und Altersvorsorge anfallen (siehe Abbildung 2.2 auf S. 38). Ein Bereich, der von vielen Freiberuflern nur stiefmütterlich behandelt wird. Dabei ist es enorm wichtig, sich zum Beispiel gegen Berufsunfähigkeit abzusichern und für den Ruhestand Geld auf die Seite zu legen. Auch hier hält so mancher Freiberufler dagegen mit dem Argument, dass das eben in mageren Zeiten nicht drin sei. Aber genau die umgekehrte Vorgehensweise ist die richtige: Mit einer vernünftigen Kalkulation, die eine gute Vorsorge mit einrechnet, erwirtschaften Sie erst die Honorare, die Ihnen diese Rücklagen möglich machen. Lassen Sie dagegen diese Summen außen vor, wer-

Checkliste Betriebsausgaben

- Telefonie _____

- Porto _____

- Internet (Domainkosten etc.) _____

- Bürobedarf _____

- Fachzeitschriften, Bücher _____

- Ausrüstung, Technik _____

- Reisekosten
  (Taxi, öffentlicher Nahverkehr, Bahncard etc.) _____

- Bewirtung _____

- Fortbildung/Seminare _____

- Kosten fürs Auto (Tanken, Versicherungen, Leasing etc.) _____

- Beiträge zu Berufsverbänden, Netzwerken _____

- Berufsgenossenschaft _____

- Werbekosten (Geschäftsausstattung, Mailings etc.) _____

- Kontoführungskosten _____

- Buchführung und Steuerberater _____

- Miete für Arbeitszimmer oder Büro (anteilig) _____

- Kosten für Strom, Wasser, Gas (anteilig) _____

- Rücklagen für Anschaffungen _____

- Rücklagen für Neupositionierung _____

- (Aushilfs-)Löhne _____

- Kosten für andere Dienstleister/Fremdleistungen _____

- Sachversicherungen _____

Gesamtsumme Betriebsausgaben: _____

Abbildung 2.1: Checkliste Betriebsausgaben

den Sie mittelfristig nicht das Geld übrig haben, um für das Alter zu sparen. Mit anderen Worten: Sie müssen in Ihrer Kalkulation Luft lassen, um sich gegen Berufsunfähigkeit absichern und in die Altersvorsorge investieren zu können.

> **Tipp**
>
> Wenn Sie noch keine nennenswerten Beträge für Ihren Ruhestand zurücklegen, setzen Sie hier einfach eine bestimmte Summe ein, die Sie künftig aufwenden möchten. Versuchen Sie, so realistisch wie möglich zu berechnen, wie viel Geld Sie im Alter benötigen und ermitteln Sie, mit welchen Leistungen Sie rechnen können. Danach sollten Sie genau überlegen, wie viel Geld Sie regelmäßig entbehren können, um eine Altersvorsorge, die sich über Ihren Dispositionskredit finanziert, zu vermeiden.

Rechtlich betrachtet sind die Kosten für Ihre Altersvorsorge zwar private Ausgaben. Da die Kosten für Ihre Absicherung jedoch steuerlich zum Teil als Sonderausgaben abzugsfähig sind, ist es sinnvoll, diese Beiträge in einer separaten Liste zusammenzustellen. Zudem sind einige Freiberufler-Gruppen verpflichtet, Rentenversicherungsbeiträge für Versorgungswerke zu leisten. Dazu zählen zum Beispiel Steuerberater und Rechtsanwälte.

In Ihre Liste gehören Beiträge zur
- Kranken- und Pflegeversicherung,
- gesetzlichen Rentenversicherung (so vorhanden),
- privaten Altersvorsorge,
- Berufsunfähigkeitsversicherung sowie zu
- möglichen Zusatzversicherungen, etwa für Zahnersatz, Krankenhaustagegeld oder Auslandskrankenschutz.

SONDERAUSGABEN	
Kranken- und Pflegeversicherung	______
Ggf. Beiträge zur gesetzlichen Rentenversicherung	______
Private Altersvorsorge (Riester-Rente, Versorgungswerke, Rürup-Rente, Lebens- oder Rentenversicherung, Kapitalanlagen etc.)	______
Zusatzkrankenversicherungen (Zahnersatz, Pflegezusatzversicherung, Auslandskrankenversicherung etc.)	______
Berufsunfähigkeitsversicherung	______
Gesamtsumme Sonderausgaben:	______
GESAMTKOSTEN BETRIEB	
Gesamtsumme Betriebsausgaben	______
+	
Gesamtsumme Sonderausgaben	______
	______

Abbildung 2.2: Checkliste Sonderausgaben

Die »Checkliste Sonderausgaben« finden Sie auf der beigefügten CD.

2.2 Das ist privat: Was brauche ich für meinen Lebensunterhalt?

Um die Übersicht zu vervollständigen, müssen Sie sich darüber im Klaren sein, wie viel Sie jeden Monat für den Lebensunterhalt aus dem eigenen Unternehmen »entnehmen« müssen: Diese so genannten Privatentnahmen bestehen nicht nur aus den Ausgaben für Lebensmittel im Supermarkt, sondern auch für den Kneipengang am Wochenende, für die Wohnungsmiete und natürlich für die Rücklage für den Urlaub (siehe Abbildung 2.3 auf S. 40).

Wenn Sie bereits ein Haushaltsbuch führen, finden Sie hier die Zahlen, die Sie brauchen. Aber selbst wenn dies nicht der Fall ist, können Sie mehrere Informationsquellen nutzen:

- Schauen Sie sich Ihre laufenden Kontoauszüge an. Dort finden Sie nicht nur Ihre monatlichen Fixkosten, sondern auch die Barabhebungen der jüngsten Vergangenheit – und damit einen Anhaltspunkt dafür, wie viel Geld Sie im Schnitt ausgeben.
- Bei einigen Positionen gibt es Erfahrungswerte, die sich meist nur unwesentlich ändern, etwa die monatlichen Tankfüllungen fürs Auto oder der wöchentliche Einkauf im Supermarkt.
- Ein Haushaltsbuch lässt sich über einen repräsentativen Zeitraum führen, zum Beispiel über einen oder mehrere Monate. So haben Sie einen ersten Überblick darüber, wie hoch Ihre gesamten privaten Kosten tatsächlich sind.

Tipp

Ob Sie ein Haushaltsbuch führen oder nicht: Durchforsten Sie bei der ersten Kalkulation sämtliche Finanzordner, damit Sie keinen Posten vergessen. Im nächsten Jahr haben Sie dann zumindest schon Anhaltspunkte dafür, was Sie ausgeben. Wie hoch die jeweilige Summe ist, können Sie dann immer aktuell ergänzen.

Vergessen Sie nicht, jährliche oder wöchentliche Beträge auf den Monat umzurechnen. Und denken Sie bitte daran, auch hier Ihre Ausgaben realistisch zu kalkulieren. Diese Art von Zweckpessimismus schließt ein, dass Sie so rechnen sollten, als müssten Sie allein für Ihren Lebensunterhalt aufkommen, und zwar auch dann, wenn Sie einen Lebensgefährten oder einen Ehepartner haben. So sind Sie – rein kalkulatorisch – für den Fall gewappnet, dass der andere arbeitslos oder berufsunfähig wird oder Sie möglicherweise allein dastehen.

Rechnen Sie also nicht so, als ob der andere in der Lage wäre, Ihnen ab und zu einen Zuschuss zu geben, sondern kalkulieren Sie in einer Partnerschaft immer mindestens einen 50-prozentigen Anteil der gemeinsamen Kosten für sich.

Die »Checkliste Privatentnahmen« finden Sie auf der beigefügten CD.

Privatentnahmen	
• Miete/Darlehen für Eigentum	_____
• Strom, Wasser, Heizung	_____
• Betriebskosten Wohnung oder Haus (Abfall- und Abwassergebühren, Grundsteuer etc.)	_____
• Kabel, GEZ	_____
• Private Versicherungen, zum Beispiel Hausrat	_____
• Zeitungsabo	_____
• »Haushaltskasse« (Lebensmittel etc.)	_____
• Sonstiger Lebensunterhalt (Freizeit, Urlaub, Anschaffungen)	_____
• Kinderbetreuungskosten und andere Aufwendungen für Kinder	_____
• Telefon und Internet privat	_____
• Ggf. private Kfz-Kosten	_____
• Spenden	
• Steuerrücklage für Einkommensteuer	_____
Gesamtsumme Privatentnahmen:	_____

Abbildung 2.3: Checkliste Privatentnahmen

2.3 Plus/minus Null? Wie ich richtig kalkuliere

Nun haben Sie eine detaillierte Übersicht über Ihre Kosten und laufenden Ausgaben. Aus dieser Rechnung ergeben sich drei Summen:

1. die Summe der Betriebsausgaben,
2. die Summe der Sonderausgaben und
3. die Summe der Privatentnahmen.

Drei Werte, an denen sich die eigene Preisfindung ausrichten kann – und muss. Denn an ihr lässt sich die eigene Schmerzgrenze ganz klar in Euro und Cent messen: Die Summe sämtlicher Kosten ist das, was das eigene Unternehmen im Monat mindestens erwirtschaften muss.

Ein Beispiel: An Betriebsausgaben fallen monatlich rund 1500 Euro an, die Sonderausgaben belaufen sich auf 500 Euro pro Monat und die Privatentnahmen betragen im Monat 1900 Euro. Das ergibt insgesamt also 3900 Euro monatliche Kosten. Wer in einer solchen Situation weniger als 3900 Euro Umsatz im Monat macht, landet über kurz oder lang in der Schuldenfalle, da er seine Ausgaben nicht mehr decken kann. Und selbst wenn diese Summe jeden Monat auf dem eigenen Konto eingeht: Gewinn hat man auf diese Weise noch nicht gemacht und die Steuer ist davon auch noch nicht bezahlt.

Über die individuelle Schmerzgrenze hinaus ist also eine Gewinnmarge notwendig. Um herauszufinden, wie hoch diese ist, gibt es eine recht einfache Formel: So empfehlen viele Steuerberater, die Betriebsausgaben mit drei zu multiplizieren. Auf diese Weise ergibt sich ein individuell angesetzter Gewinnzuschlag, mit dem ein Umsatzziel angepeilt werden kann, das Raum nach oben lässt. Es ist sogar ratsam, zu den Betriebsausgaben noch die Sonderausgaben hinzu zu addieren – und dann diese Summe mal drei zu nehmen. Hintergrund ist, dass man so kalkulatorisch Platz schafft für die oft vernachlässigte Altersvorsorge. Denn nun hat man im monatlichen Umsatzziel die geplanten Ausgaben dafür berücksichtigt.

Mit dem errechneten Umsatzziel lassen sich Preise für Stunden- und Tagessätze finden. Dafür müssen Sie das Umsatzziel in ein Verhältnis zu Ihrer durchschnittlichen Arbeitszeit setzen.

Eine Beispielrechnung

Ihre Betriebsausgaben belaufen sich auf 1 500 Euro, die Sonderausgaben betragen 500 Euro pro Monat, zusammen also eine monatliche Summe von 2 000 Euro. Diese nehmen Sie mal drei und erhalten Ihr individuelles Umsatzziel – was in diesem Beispiel 6 000 Euro ausmacht. 120 produktive Arbeitsstunden im Monat als Durchschnitt vorausgesetzt, müssten Sie einen Stundensatz von mindestens 50 Euro veranschlagen, um Ihr Umsatzziel zu erreichen.

Ganz wichtig: Das sind nur Beispielzahlen, die veranschaulichen sollen, wie das Kalkulieren des Umsatzziels funktioniert. Diese Berechnung müssen Sie mit Ihren individuellen Zahlen füllen. Aber begehen Sie dabei nicht den Fehler, Ihre Ausgaben nun zu niedrig zu kalkulieren – nur damit das Umsatzziel am Ende nicht so abschreckend hoch auf Sie wirkt. Denn damit geraten Sie erneut in die Dumping-Falle.

Eine Beispielrechnung

Auch für die Schmerzgrenze lässt sich der Stundensatz errechnen. Dazu müssen Sie all Ihre Kosten – also auch die Privatentnahmen – zusammenzählen. Bleiben wir beim genannten Beispiel, sind das 1 500 Euro Betriebsausgaben, 500 Euro Sonderausgaben und 1 900 Euro Privatentnahmen, zusammengerechnet 3 900 Euro. 120 produktive Arbeitsstunden im Monat als Durchschnitt vorausgesetzt, müssten Sie einen Stundensatz von mindestens rund 33 Euro erreichen, um Ihre Schmerzgrenze nicht zu unterschreiten.

Die Vorlage »Stundenliste« finden Sie auf der beigefügten CD.

Um Ihre Honorare zu kalkulieren, benötigen Sie also zusätzlich zu Ihren Ausgaben noch einen Überblick über Ihre Arbeitszeit. Auch hier gilt: Im besten Fall führen Sie bereits Buch über Ihre geleisteten Stunden, sei es, um Ihren Kunden eine genaue Abrechnung präsentieren zu können, sei es, weil Sie für sich eine Übersicht Ihrer Arbeitsstunden haben wollen.

Tipp

Eine Stundenliste ist auch für andere Analysen hilfreich. Zum Beispiel, um zu klären, wie sich die eigenen Aufträge strukturieren und wie viel Zeit in die verschiedenen Aufgaben investiert werden muss. Mit einer gut geführten Stundenliste lässt sich herausfinden, bei welchen Aufträgen mit dem geringsten Aufwand der meiste Umsatz gemacht wird. Und auch, wo sich die Zeitfresser verstecken. »Gefühlt« verschätzt man sich gern, vergisst die Anreisezeit zu Kundenterminen, zermürbende Telefonate mit dem Projektleiter oder endlose Korrekturschleifen.

Ihre Stundenliste liefert Ihnen dann die Daten, die Sie für Ihre Kalkulation brauchen. Wenn Sie noch keine Stundenliste führen, müssen Sie Ihre durchschnittliche monatliche Arbeitszeit schätzen (siehe Abbildung 2.4 auf S. 44). Dabei helfen Ihnen folgende Leitfragen:

Mehr Informationen zum Thema Stundenliste, deren Nutzen und Auswertung finden Sie in Kapitel 3 ab S. 75

- Wie viel Arbeitszeit steht mir regelmäßig zur Verfügung?
  Habe ich volle Arbeitstage oder halbe Tage, gibt es andere zeitliche Einschränkungen?
- Wie viel Zeit möchte ich in meine Selbstständigkeit investieren?
  Welche Büroarbeitszeiten habe ich mir gesetzt, muss ich regelmäßig am Abend und/oder am Wochenende arbeiten, habe ich familiäre Verpflichtungen?
- An welchen Tagen möchte ich nicht arbeiten?
  Sollen Wochenenden und Feiertage frei bleiben, wie viel Urlaub gönne ich mir, wann sind Blockarbeitszeiten notwendig?

Die Antworten auf diese Fragen liefern Ihnen erste Anhaltspunkte für Ihre individuelle Arbeitszeit. Vergessen Sie nicht, Puffer für Krankheit oder andere unvorhergesehene Ereignisse einzuplanen. Und ganz wichtig: Die eigenen Preise sollen es ermöglichen, an manchen Tagen »unproduktiv« zu sein, sprich Administratives zu erledigen – oder Akquise zu betreiben. Das bedeutet, dass Sie in der Kalkulation nicht davon ausgehen können, dass Sie 100 Prozent Ihrer Arbeitszeit bezahlt bekommen. Eine gute durchschnittliche produktive Auslastung liegt zwischen 70 und 75 Prozent. Schätzen Sie diese in der ersten Kalkulation ohne Stundenliste lieber zu niedrig ein. Wie hoch Ihre Produktivität tatsächlich ist, können Sie später mit den Aufzeichnungen aus Ihren geführten Stundenlisten abgleichen.

Die Tabelle soll Ihnen dabei helfen, Ihre individuelle Arbeitszeit zu ermitteln. In der zweiten Spalte finden Sie eine Beispielrechnung als erste Hilfestellung, in der dritten Spalte können Sie Ihre individuelle Berechnung eintragen:

ARBEITSZEIT BERECHNEN

Arbeitsstunden	Beispiel	Ihre Kalkula-tion
Tage im Jahr	365	
./. Wochenenden (z. B. 2 x 52)	104	
./. Feiertage	12	
./. Urlaubstage	25	
= Anwesenheitstage	224	
./. Krankheitstage	8	
= Arbeitstage	216	
Arbeitstage pro Monat	18	
Arbeitsstunden pro Tag	8	
Arbeitsstunden pro Jahr	1.728	
Auslastung in Prozent	75	
Produktive Arbeitsstunden	1.296	
Produktive Arbeitsstunden pro Monat	108	

Abbildung 2.4: Checkliste Arbeitszeit

Die »Checkliste Arbeitszeit« finden Sie auf der beigefügten CD.

Hier noch ein paar Tipps zum Ausfüllen der Tabelle:

- Gönnen Sie sich etwas Urlaub!

  Zumindest in der Kalkulation sollten Sie mindestens das einplanen, was jedem Arbeitnehmer zusteht: Das Bundesurlaubsgesetz garantiert jedem Angestellten 24 Urlaubstage pro Jahr.

- Kalkulieren Sie Unvorhergesehenes!

  Erfahrungsgemäß fressen allein schon die jährlich Winter-Erkältung und eine Magen-Darm-Grippe jedes Jahr mehrere Arbeitstage. Planen Sie daher genug Krankheitstage ein; dies gilt umso mehr, wenn Sie Kinder haben, die bei Krankheit ebenfalls betreut werden müssen.

- Niemand ist zu 100 Prozent produktiv!
  Lassen Sie sich nicht davon leiten, welche Arbeitszeit Angestellte haben und gehen Sie von einer Netto-Arbeitszeit aus. Denn auch ein Arbeitnehmer hat zwar eine nominelle Arbeitszeit von beispielsweise acht Stunden; diese verbringt er aber nicht ständig mit produktiver Arbeit, sondern auch in der Teeküche oder beim Plausch mit Kollegen auf dem Flur.

Anhand der so ermittelten Arbeitszeit können Sie nun Ihren individuellen Stunden- und Tagessatz berechnen:

1. Das Minimum: Die Summe all Ihrer Kosten (Betriebsausgaben, Sonderausgaben, Privatentnahmen) geteilt durch Ihre monatlichen Arbeitsstunden ergibt den Satz für Ihre unterste Schmerzgrenze.
2. Das Soll: Ihr monatliches Umsatzziel (Betriebsausgaben plus Sonderausgaben mal drei) geteilt durch Ihre monatlichen Arbeitsstunden ergibt den Stundensatz für Ihr Umsatzziel.

Auch einen Tagessatz können Sie auf diese Weise kalkulieren – einfach den Stundensatz mit den von Ihnen vorgesehenen Arbeitsstunden pro Tag malnehmen und nach unten abrunden.

2.4 Was soll das denn kosten? Meine Preise

Die Pflicht der Preisfindung haben Sie nun abgeschlossen, jetzt geht es an die Kür. Denn klar ist: Nicht bei jedem Auftrag lassen sich die eigenen Honorarvorstellungen durchsetzen und nicht bei jedem Projekt ist der Preis tatsächlich verhandelbar. Diese Tatsache soll Sie aber nicht entmutigen, sondern dazu bringen, eine gelungene Mischkalkulation zu gestalten. Denn es gibt durchaus gute Gründe, warum man einen Auftrag annimmt, obwohl man bei der Preisverhandlung nicht das gewünschte Ergebnis erzielt hat. Dazu zählt zum Beispiel:

- Der Auftraggeber stellt für Sie eine exzellente Referenz dar.
- Es ist absehbar, dass sich durch dieses Projekt Folgeaufträge ergeben.
- Der Auftrag ist schnell erledigt.
- Sie können Erfahrung auf einem Gebiet sammeln, das Sie mittelfristig als Geschäftsfeld ausbauen möchten.
- Die Arbeit an dem Auftrag macht Ihnen Spaß.

Solche Argumente sind gut nachvollziehbar, machen Ihrer Kalkulation aber einen schmerzhaften Strich durch die Rechnung. Denn die Zeit, die Sie mit diesen Aufträgen verbringen, fehlt an anderer Stelle und wird überdies nicht so gut bezahlt, dass dieser Verlust wettgemacht werden könnte. Um solche Aufträge honorarmäßig auffangen zu können, bedarf es einer guten Mischkalkulation. Mit anderen Worten: Sie brauchen zum einen Aufträge, bei denen Sie am längeren Honorarhebel sitzen, ohne Einschränkungen verhandeln und im schlimmsten Fall »Nein« sagen können, wenn der Preis nicht stimmt. Zum anderen müssen Sie in solchen Situationen mit höheren Preisen zu Werke gehen als Sie noch im Umsatzziel kalkuliert haben. Und diese Honorare sollten Sie in einer individuellen Preisliste festschreiben.

Eine Beispielrechnung

Als persönliche Schmerzgrenze haben Sie bei Ihrer Kalkulation einen Stundensatz von rund 38 Euro ermittelt; Ihr Stundensatz für das Umsatzziel beläuft sich auf rund 60 Euro. Für Ihre Preisliste und damit für künftige Honorarverhandlungen sollten Sie also einen Stundensatz von mindestens 70 Euro veranschlagen. Als Tagessatz wäre in diesem Beispiel ein Wert zwischen 500 und 550 Euro denkbar.

Eine Preisliste benötigen Sie vor allem für solche Aufträge, bei denen das Honorar frei verhandelbar ist – allein schon deshalb, um bei der Frage »Was stellen Sie sich denn als Honorar vor?« nicht ganz unvorbereitet dazustehen. Denn mal ganz ehrlich: Wie häufig haben Sie es schon erlebt, dass Sie auf diese Frage nicht sofort eine Antwort parat hatten und sich mangels Alternative am Angebot des Kunden ausgerichtet haben? Im besten Fall haben Sie damit trotzdem einen guten Preis erzielt, im schlechtesten Fall wäre sehr viel mehr drin gewesen.

Mehr Informationen zum Thema Verhandlungen finden Sie in Kapitel 4 ab S. 93

Ihre individuelle Preisliste soll Ihnen die Möglichkeit geben, Verhandlungsspielräume auszuloten, unterschiedliche Abrechnungsmodalitäten anzubieten und Sie daran erinnern, dass auch Nebenkosten eines Auftrags abgerechnet werden müssen. Ihr persönlicher Honorarrahmen ist vor allem für die eigene Schreibtischschublade und Ihren Desktop gedacht. Veröffentlichen sollten Sie diese Preisliste nicht, auch nicht auf Ihrer Homepage. Sonst hat die Konkurrenz leichtes Spiel, Sie zu unterbieten.

Erklärstück: Gebührenordnung

In einigen freien Berufen gibt es Gebührenordnungen, die vorgeben, wie bestimmte Leistungen abgerechnet werden müssen. So existieren in Deutschland Gebührenordnungen für Ärzte, Steuerberater und Notare, aber auch für Anwälte, Architekten und Ingenieure. Welche Leistungen nach der jeweiligen Gebühren- oder Honorarordnung abgerechnet werden müssen, ist von Branche zu Branche verschieden. Ein zugelassener Arzt beispielsweise darf in Deutschland keine selbst kalkulierten Preise für seine Leistung verlangen. Heilpraktiker dagegen haben zwar eine Gebührenordnung, sie ist aber nicht bindend und gibt vor allem Anhaltspunkte, was die (privaten) Krankenkassen erstatten. Architekten und Ingenieure müssen zwar sämtliche Leistungen gemäß ihrer Honorarordnung abrechnen; seit einigen Jahren können sie jedoch Zeithonorare frei vereinbaren. Auch für Steuerberater gibt es die Möglichkeit, nach Zeitaufwand abzurechnen – und die Gebührenordnung selbst ist gestaffelt, damit der Steuerberater je nach Schwierigkeitsgrad, Umfang der Tätigkeit und der Einkommenssituation des Mandanten entscheiden kann, welche Gebühr er berechnet. Fazit: Auch für Freiberufler, die eine Gebührenordnung als Leitlinie haben, ist es wichtig, fundiert zu kalkulieren, ihren individuellen Stundensatz zu kennen und gegebenenfalls weitere Pauschalpreise abzuleiten.

Was gehört auf eine Preisliste? Zunächst natürlich der Stunden- und der Tagessatz, den Sie ermittelt haben. Denken Sie daran, dass Sie diese Sätze oberhalb Ihres Umsatzziels ansiedeln. Denn Sie müssen mit den frei ausgehandelten Honoraren die Aufträge finanziell ausgleichen, deren Preis nicht frei verhandelbar war – und daher wahrscheinlich unter Ihren eigenen Vorstellungen lag.

Damit es Ihnen künftig leichter fällt, Angebote zu erstellen, sollten Sie überlegen, welche Abrechnungsmöglichkeiten für Sie sinnvoll sein oder in Frage kommen könnten. Denn auch jenseits vom zeitlichen Aufwand gibt es die unterschiedlichsten Varianten, Dienstleistungen abzurechnen. Um die besten für sich zu herauszufinden, hilft Ihnen folgender Fragenkatalog:

Zehn Punkte für Ihre Preisliste:

1. Welche Art von Dienstleistungen biete ich an?
2. Welche Leistungen wurden schon bei mir angefragt?
3. Was möchte ich außerdem noch anbieten?
4. Welche Abrechnungsarten haben mir Kunden vorgeschlagen?
5. Für welche Leistungen könnte ich Pauschalpreise nehmen?
6. Decken sich die kalkulierten Pauschalpreise mit der durchschnittlichen Arbeitszeit an solchen Projekten?
7. Gibt es Branchen- oder Verbandsempfehlungen für meine Dienstleistungen?
8. Habe ich sowohl Pauschalpreise als auch zeitlich bezogene Honorare in meine Preisliste integriert?
9. Sind die zugrunde liegenden Stundensätze oberhalb meines Umsatzziels angesetzt?
10. Sind mögliche Nebenkosten (Reisekosten, Eilzuschläge, Material etc.) einbezogen?

Honorare können je nach Kunde und Auftraggeber ganz unterschiedlich abgerechnet werden: Im eigenen Honorarrahmen sollten daher sämtliche Möglichkeiten der eigenen Tätigkeit abgedeckt sein, etwa

- Pauschalpreise für pauschalierbare Leistungen (Seiten bei Text, Übersetzung, Lektorat, Screens bei Webdesign, Komplettpreise für Gutachten oder Beratung)
- Pauschalen für monatlich wiederkehrende Leistungen (Beratung, Assistenz, Redaktion, Abwicklung)
- Preise nach Art und/oder Umfang der Tätigkeit gestaffelt
- differenzierte Stundensätze je nach Wertigkeit der angebotenen Leistung

- differenzierte Stundensätze je nach beinhaltenden Nutzungsrechten aus dem Urheberrecht
- Pauschalpreise für Nebenleistungen oder Service

Um den eigenen Verhandlungsspielraum gestalten zu können, sind weitere Unterscheidungen hilfreich, zum Beispiel:

- Ist die Arbeit im Vergleich zu anderen Aufträgen besonders aufwendig?

  Preislich sollte es einen Unterschied machen, ob ein Auftrag mal eben vom Schreibtisch aus erledigt werden kann oder ob mehrfache Termine beim Kunden oder sogar eine Inhouse-Tätigkeit vereinbart wird.

- Wie viel Abstimmung wird beim Projekt erwartet?

  Eine Position, die immer wieder unterschätzt wird, ist der Punkt Briefing und Abstimmung. Es gibt Auftraggeber, die bis ins Detail über jeden Projektstand informiert werden möchten, und wieder andere, deren interne Hierarchien einen umfangreichen Abstimmungsprozess erwarten lassen. Auch dafür sollten Aufschläge eingepreist werden.

- Welche Rechte räume ich dem Auftraggeber ein?

  In einigen freien Berufen spielt das Urheberrecht eine Rolle, etwa bei Übersetzern, Textern und Journalisten. Es sollte sich im Honorar durchaus niederschlagen, ob sämtliche Nutzungsrechte bis über den Tod hinaus abgetreten werden oder ob nur ein einfaches Nutzungsrecht vereinbart wird.

- Wie eilig ist der Auftrag?

  »Am besten gestern!« Besonders enge Liefertermine für dringende Aufgaben können Sie durchaus mit einem Eilzuschlag versehen. Gleiches gilt, wenn Sie durch den engen Terminplan nachts oder am Wochenende arbeiten sollen. Alternative: Sie berechnen für Wochenend- und Nachtarbeit höhere Stundensätze.

- Werden zusätzliche Leistungen angefragt?

  Immer wieder entwickeln sich Projekte weiter, Leistungen, die ursprünglich nicht zur Debatte standen, werden doch angefordert oder das Projektmanagement an den Freien übertragen. Wenn Sie mit dem kompletten Tätigkeitsgebiet vertraut sind, können Sie dies im Angebot mit Modulen lösen, die Sie zuvor im Einzelnen in Ihrer Preisliste definiert haben.

Überlegen Sie in solchen Fällen einfach, was alles auf Sie zukommen könnte. Spielen Sie ein großes Projekt, zum Beispiel den Relaunch eines Internetauftritts, komplett durch. Welche Aufgaben – vom Design über die Programmierung bis hin zu Text und Suchmaschinenoptimierung – sind zu erwarten? Welche Dienstleistungen können pauschal, welche nach Zeitaufwand honoriert werden? Fallen Nebenkosten an und wenn ja, welche? Ist ein Projektmanagement nötig, weil mehrere Dienstleister von Ihnen ins Boot geholt werden müssen? Wenn Sie solche Szenarien an einem für Sie typischen Projekt durchrechnen, haben Sie gutes Material für Ihre individuelle Preisliste.

Ihre Preisliste ist übrigens kein statisches Produkt, sondern ein »work in progress«. Immer dann, wenn Sie – etwa beim Schreiben eines neuen Angebots – merken, dass Sie neue Elemente in Ihren Honorarrahmen aufnehmen sollten oder andere nicht brauchbar sind, sollten Sie Ihre Preisliste verändern. Und natürlich sollten Sie jeweils zum Jahreswechsel, wenn Sie Ihre neue Kalkulation vornehmen, Ihre Honorare überprüfen und gegebenenfalls anpassen.

Einige Anregungen für Ihre Preisliste können Sie übrigens den Honorarempfehlungen Ihres Branchenverbands entnehmen und dadurch zugleich eine Argumentationsgrundlage schaffen.

Tipp

In einigen Branchen gibt es nicht nur Honorarempfehlungen, sondern sogar richtige Tarifverträge für freie Mitarbeiter. Für freie Journalisten bei Tageszeitungen gelten zum Beispiel in aller Regel Tarifverträge, die die Honorare nach Auflage und Erst- oder Zweitdruckrecht staffeln. Ähnliche Verträge existieren in öffentlich-rechtlichen und privaten Rundfunk- und Fernsehanstalten sowie für Film- und Fernsehschaffende. Diese Tarifverträge sichern dem Freiberufler eine Vergütung zu, die nicht unterschritten werden darf. Das bedeutet aber nicht, dass kein Verhandlungsspielraum mehr besteht!

Im Internet gibt es außerdem einige Datenbanken, in die Freiberufler die Honorare einstellen können, die ihnen bei diversen Aufträgen gezahlt wurden, um damit anderen eine Orientierung zu liefern. Letztlich können Markt und Konkurrenz aber nur Hinweise darauf geben, wie Sie Ihre eigenen Preise gestalten können.

Drei Strategien zur Preisfindung:

1. Bei der kostenorientierten Preisbestimmung werden alle relevanten Kosten zusammengerechnet, zuzüglich eines individuell angesetzten Gewinnzuschlags. Daraus ergibt sich dann ein monatliches Umsatzziel mit entsprechender Gewinnmarge, mit dem sich Preise für Stunden- und Tagessätze finden lassen.
2. Die nachfrageorientierte Preisbestimmung richtet sich nach den potenziellen Kunden. Im Grunde testet man seine Preisforderungen durch, bis der »richtige« Preis gefunden zu sein scheint. Ob dabei Gewinne herausspringen, lässt sich jedoch nur über die Gegenprüfung mit der kostenorientierten Preisbestimmung herausfinden.
3. Dann gibt es natürlich die konkurrenzorientierte Preisbestimmung. Mit anderen Worten: Das Unternehmen richtet sich nach dem Preisführer am Markt. Diese Art Preise zu finden, ist aber sicher nicht für jede Branche praktikabel: Im Einzelhandel sind die Preise der Konkurrenz offensichtlich, Unternehmensberater hingegen behalten ihre Honorare gegenüber den Wettbewerbern für sich.

Verlieren Sie also nie Ihre eigene Kalkulation aus dem Blick, selbst wenn die veröffentlichten Honorarempfehlungen niedriger sind als Ihre Preise oder Ihre Konkurrenz unter Ihren Honoraren anbietet. Denn sonst zahlen Sie am Ende drauf und dies möglicherweise doppelt. Der Vergleich mit Angebot und Konkurrenz kann Ihnen schlüssige Hinweise darauf geben, ob der Markt, in dem Sie derzeit agieren, finanziell überhaupt das hergibt, was Sie benötigen. Ist dies nicht mehr der Fall, ist es sinnvoller, sich neu zu positionieren und ein anderes Betätigungsfeld zu suchen. Was Sie tun können, wenn es »irgendwie nicht mehr stimmt«, lesen Sie im nächsten Kapitel.

Die Expertenmeinung — Constanze Hacke im Gespräch mit …
… Peter Krosanke, BWA-Experte der DATEV eG, Nürnberg

Constanze Hacke: Welche Fehler machen Freiberufler bei der Kalkulation?

Peter Krosanke: Das erste Problem sehe ich in der Vollständigkeit. Alle Belege, die auf den Tisch kommen, müssen auch gebucht werden. Dann sollten sich Freiberufler, wenn sie mit den Zahlen wirklich etwas anfangen wollen, von den Prinzipien der Einnahmen-Überschuss-Rechnung verabschieden. Die ist für das Finanzamt wichtig, aber für die Einschätzung des eigenen Erfolgs sind andere Daten relevant. Nicht der Zeitpunkt, zu dem das Geld fließt, ist dafür entscheidend, sondern der, zu dem die Leistung erbracht wird.

Constanze Hacke: Haben Sie dafür ein Beispiel?

Peter Krosanke: Nehmen wir den Aufwand. Ein gutes Beispiel dafür ist die Versicherung: Ich zahle eine Jahresprämie für Versicherungen im Januar, beispielsweise 3 000 Euro. In der Auswertung sieht es so aus, als hätte ich im Januar nichts verdient. Dabei habe ich nur eine Versicherung bezahlt, die doch jeden Monat nur ein Zwölftel Aufwand ausmacht. Wenn Sie sehen wollen, wie viel Sie verdient haben, sollte alles, was an Aufwand auf Sie zukommt, schon einkalkuliert sein. Ein Beispiel: Ein Freiberufler geht einmal im Jahr auf eine Messe. Auf dieser Messe akquiriert er sämtliche Neuaufträge und die Messe kostet ihn insgesamt 5 000 Euro. Wenn man genau weiß, dass das im Oktober ansteht, dann sollte dies in der Buchhaltung berücksichtigt und das Geld schon vorher mitverdient werden. Ansonsten steht im Oktober plötzlich ein großer Verlust in der BWA und das Konto ist im Minus.

Fazit: Wenn ich wissen will, wie viel ich verdiene, dann muss ich alles in meine Auswertung aufnehmen, gleich ob der Aufwand oder der Erlös schon gezahlt wurde oder nicht. Eine richtige Erfolgsrechnung ist hier also sinnvoll. Das bedeutet, dass die Belege sofort gebucht werden und nicht erst, wenn sie bezahlt sind. Und dazu gehört auch, dass man Rechnungen möglichst gleich schreibt. Mit anderen Worten: Wenn Freiberufler wissen wollen, was sie verdient haben, dann ist nicht die Einnahmen-Überschuss-Rechnung entscheidend, sondern die normale Betriebswirtschaftliche Auswertung (BWA).

Constanze Hacke: Die betriebswirtschaftlichen Daten zu sammeln, ist das eine. Schwieriger ist es jedoch für die meisten, diese zu analysieren und zu interpretieren. Welche Punkte sind hier wichtig?

Peter Krosanke: In meinen Seminaren frage ich gelegentlich, wie die Leute herausfinden, was sie verdient haben. Die Antwort lautet häufig: Sämtliche Einnahmen und Ausgaben – die Differenz ist das, was ich verdient habe. Das ist richtig, wenn immer alles sofort bezahlt wird, aber wo passiert das schon. Ein Beispiel: Ein Musiker hatte einen Auftritt und hat eine Rechnung geschrieben, das Geld bekommt er erst im nächsten Monat; damit fallen auch die Einnahmen in den nächsten Monat. Aber er hat jetzt die Leistung erbracht – und hat jetzt dafür den Aufwand gehabt. Er hat zum Beispiel die Bahn oder den Flug bezahlen müssen, das Hotel, hat Werbung betrieben, um diesen Auftrag zu bekommen. Eigentlich lautet die Rechnung also nicht nur Einnahmen minus Ausgaben, sondern Umsatz minus Aufwand, unabhängig davon, ob das Geld schon geflossen ist oder nicht. Man muss also nur in einer BWA schauen, welche Leistungen erbracht und abgerechnet worden sind und welcher Aufwand entstanden ist, um diese Leistungen zu erbringen.

Constanze Hacke: Viele Freiberufler sind abgeschreckt von der Form der BWA, also den Tabellen und den besonderen Begrifflichkeiten. Wie kann man ihnen da Schwellenängste nehmen, damit sie ihre betrieblichen Zahlen interpretieren können?

Peter Krosanke: Es gibt in der Tat kleine Tricks. In der BWA haben wir zum Beispiel links den aktuellen Monat und rechts die aufgelaufenen Werte und dann gibt es jeweils vier Prozentspalten. Insgesamt sind es zehn Spalten mit Zahlen. Das lässt sich auf vier reduzieren, und zwar, indem man sich die BWA in DIN A 4 hoch erstellen lässt; dann sind es gleich sechs Spalten weniger. Sie sehen dann nur noch die Werte in Euro und in Prozent der Gesamtleistung. Sie lassen also die Zahlen, die sowieso nicht angeschaut werden, unberücksichtigt und bekommen damit sofort eine entschlackte und übersichtliche BWA. Wer nicht selbst bucht, sollte seinen Steuerberater bitten, die BWA in dieser vereinfachten Form auszudrucken – mit nur einer und nicht mehr vier Prozentspalten.

Constanze Hacke: In welcher Tiefe sollten sich Freiberufler denn selbst betriebswirtschaftliches Know-how aneignen, um beispielsweise eine BWA richtig zu interpretieren?

Peter Krosanke: Ich würde gar nicht sagen, dass sie so viel betriebs-wirtschaftliches Wissen benötigen. Gesunder Menschenverstand, mit dem man seine Erfolgszahlen liest und nebenbei natürlich auch mal das Bankkonto anschaut – das reicht aus, um eine solche Auswertung zu lesen. So viele verschiedene Kennzahlen müssen Freiberufler gar nicht kennen. Das Wichtige ist erst einmal das ganz Banale: Ich sehe den Umsatz, den ich gemacht habe, und wenn alles drin ist, dann sehe ich nach Abzug meiner Aufwendungen, wie viel ich verdient habe.

Dann sollte ich mein Bankkonto noch einmal anschauen. Wenn ich ein Superergebnis habe und der Kontostand schlecht ist, dann stellt sich die Frage, wo ist das Geld geblieben? Was habe ich damit angestellt? Die Grundregel lautet: Nicht mehr entnehmen als verdient wurde. Ansonsten wird sich wahrscheinlich das Bankkonto in die ro-ten Zahlen bewegen. Vielleicht wurde auch Geld für Investitionen ausgegeben. Dann müssen Sie schauen, worin Sie investiert haben – und wofür dies wann als direkter Aufwand stehen könnte; sprich im Zusammenhang mit Ihren Leistungen gebracht werden könnte. Eine Investition selbst ist noch kein Aufwand. Auch das wird oft missver-standen. Erst durch die Nutzung entsteht der Aufwand über die Jahre der Nutzungsdauer verteilt, die Abschreibung. All diese Aufwendun-gen plus Privatentnahmen sollen im Prinzip vom Ergebnis gedeckt werden. Sprich, alle Aufwendungen müssen mitverdient werden.

Constanze Hacke: Stichwort Kalkulation: Manche Freiberufler – etwa Architekten oder Heilpraktiker – sind zum Teil an Gebührenordnungen gebunden. Warum ist auch für diese Branchen eine genaue Kalkulation so wichtig?

Peter Krosanke: Die Gebührenordnung schränkt ja den Umsatz in gewisser Weise ein, er wird limitiert. Und da lautet die Frage: Reicht das, was am Ende herauskommt, ist das Ergebnis zufriedenstellend oder will man mehr? Wer mehr haben möchte, muss schauen, wie entweder mehr Umsatz gemacht werden kann – da stellt sich die Frage, wie viel Spielraum gibt die Gebührenordnung her. Die an-dere Möglichkeit wäre unter Umständen, an der Stellschraube der Leistung zu drehen, also mehr zu arbeiten.

Wenn ich mit dem Ergebnis nicht zufrieden bin, sollte ich aber auch schauen, wo ich Kosten einsparen kann. Nehmen wir das Bei-spiel Messe: Wenn man ein solches Marketinginstrument auf den

Prüfstand stellt, sollte man beispielsweise überlegen, ob eine Messe die erhoffte Anzahl an Kontakten und Ergebnissen bringt. Bei der Kostenreduktion muss immer darauf geachtet werden, dass das, was man einspart, nicht wiederum einen negativen Einfluss auf den Umsatz hat. Will sagen: Sparen Sie wirklich Geld – oder schneiden Sie sich ins eigene Fleisch? Von reinen Kosteneinsparungen kann niemand leben.

Constanze Hacke: Betriebswirtschaftliches Know-how wird von vielen Freiberuflern bestenfalls als lästige Pflicht empfunden. Wie kann man dieses Gebiet den Freiberuflern, die in ganz anderen Bereichen Experten sind, schmackhaft machen?

Peter Krosanke: Eigentlich ist das ganz leicht gesagt: Damit können Sie sich Ihre Weltreise oder was auch immer auf dem Wunschzettel steht, finanzieren. Wer seine Zahlen nicht anschaut, der wirft viel Geld zum Fenster hinaus, weil er nicht darauf achtet, dass er sich vieles nicht leisten kann. Und wenn er dann nur herumjammert, dass es ihm schlecht geht, dann ist er einfach selbst schuld.

Wenn es mir gut geht, dann kann ich mir zum Beispiel auch für 50 000 Euro das neue Auto leisten. Wenn das Geld aber nicht da ist, dann stellt sich die Frage, ob das wirklich sein muss. Wenn ich bei der Bank im Minus bin und meine Kunden zahlen nicht, dann heißt das: Jeder Euro, den ich vom Kunden nicht bekomme, muss ich mit zwölf oder wie viel Prozent Zinsen bei der Bank als Überziehungskredit bezahlen. Und wenn ich zu viel privat entnehme, bin ich bei der Bank wieder entsprechend im Minus. Das alles zusammengerechnet, ergibt eine Summe, von der ich ein paar Wochen in die Karibik fliegen kann. Also sollten Freiberufler gut kalkulieren und die Zahlen im Blick haben – um Geld zu verdienen und um eine bessere Lebensqualität zu haben. Und von daher kann ich nur raten: Schauen Sie jeden Monat die Zahlen an, ob das, was unten steht, immer noch passt. Und, wenn nicht, dann überlegen Sie, woran es liegt und …reagieren Sie!

3
Was tue ich hier eigentlich?

Wer sein Geschäft im Detail analysiert, kommt möglicherweise zu dem Schluss, dass es so nicht weitergehen kann: Vielleicht stimmt das Ergebnis nicht, vielleicht machen viele Kunden zwar viel Arbeit, aber bringen zu wenig Einnahmen. Umgekehrt gibt es eventuell wichtige Auftraggeber, die zwar gut zahlen, aber schwierig sind. Oder man hat nur wenige Kunden, von denen man dann finanziell abhängig ist. Dieses Kapitel hilft, die Ursachen für das unbestimmte Gefühl zu finden, dass es »irgendwie nicht mehr stimmt« – und zeigt die Stellschrauben, an denen gedreht werden muss.

Eigentlich sind viele Freiberufler – gleich ob Designer, Therapeut oder Fotograf – mit Herzblut bei der Sache. Zumindest von außen wirkt es für den Betrachter so, als hätten sie ihre Leidenschaft zum Beruf gemacht. Der Alltag sieht – gerade in den so genannten freien Kulturberufen – völlig anders aus: Stress pur, der Druck der Konkurrenz und Fachfremder, die die angebotene Dienstleistung »mal eben« so mitmachen, viel Arbeit für wenig Geld, die ständige Angst, Aufträge oder Kunden zu verlieren – und dazu nur selten Anerkennung für die meist kreativen Tätigkeiten. In anderen freien Berufen hetzt eine Terminsache die nächste; Steuerberater oder Rechtsanwälte kommen im hektischen Alltagsgeschäft kaum dazu, strategische Gedanken zu entwickeln. Und wer eine Praxis als Heilpraktiker oder Logopäde hat, kommt außerhalb des Patientengesprächs selten zu einer Unternehmensanalyse.

So macht sich bei vielen Freiberuflern eine Unzufriedenheit breit, deren Ursachen aber nicht genau lokalisiert werden können. Aber weil das Geschäft ja irgendwie läuft, machen sich die meisten Freiberufler keine grundlegenden Gedanken zu diesem Thema. Und ändern damit nichts an den Problemen, die sie von einem langfristigen unternehmerischen Erfolg abhalten. Dabei ist es im Grunde recht einfach, die kritischen Punkte aufzuspüren, die Sand ins Getriebe bringen: Ein Selbstcheck, eine regelmäßige Analyse von Markt und Konkurrenz und eine kritische Prüfung der eigenen Kundschaft helfen Ihnen, Ihr Unternehmen professioneller aufzustellen.

3.1 Selbst- und Portfolioanalyse: Kompetenzen, Markt, Konkurrenz

Wenn Sie langfristig aus dem Hamsterrad aussteigen wollen, müssen Sie es ab und zu anhalten, um Ihre unternehmerischen Schwachstellen zu analysieren. Das bedeutet, dass Sie sich etwas Zeit nehmen müssen, um den Finger in die eigenen Wunden zu legen – und das nicht nur einmal, sondern regelmäßig.

Tipp

Als Zeitpunkt für die Analyse Ihres Unternehmens eignet sich der Jahreswechsel. Meist liegen dann die aktuellen Daten aus der Buchhaltung für Ihre neue Kalkulation vor, sodass Sie alles in einem Aufwasch erledigen können. Zugleich nutzen Sie eine erfahrungsgemäß auftragsarme Zeit, um sich für den Markt besser aufzustellen.

Beginnen Sie bei der Selbstkontrolle in der Tat bei sich selbst: bei Ihren Kompetenzen, Ihren Fähigkeiten, Ihrer Arbeitsweise. Ein guter Einstieg ist die klassische Stärken-Schwächen-Analyse:

Bei einer Stärken-Schwächen-Analyse (siehe Abbildung 3.1 auf S. 59) bewerten Sie Ihre eigenen Stärken und Schwächen und werfen zugleich einen kritischen Blick auf den Markt: Welche Chancen bieten sich dort für Ihr individuelles Geschäftsfeld? Welche Risiken ergeben sich für Sie? Gerade bei den Stärken und Schwächen dürfen Sie durchaus die so genannten soft skills im Blick haben, vergessen Sie aber nicht, auch über Ihre »harten« Kompetenzen und Mängel nachzudenken.

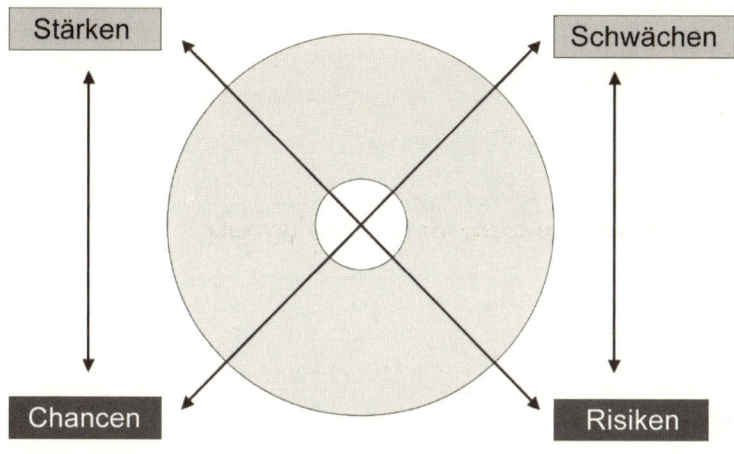

Abbildung 3.1: SWOT-Analyse[5]

Tipp

Nutzen Sie sämtliche vorgestellten Instrumente regelmäßig.
Nehmen Sie sich jedes Jahr aufs Neue die Vorjahresanalyse vor.
Was hat sich getan? Reagieren Sie auch auf Veränderungen.
Haben Sie beispielsweise betriebswirtschaftliches Know-how
erworben oder eine technische Zusatzausbildung gemacht, haben
Sie eine Schwäche weniger – und eine Stärke mehr?

Einen besseren Überblick über die Einflussfaktoren, die sich vielleicht auch gegenseitig bedingen, gewinnen Sie, wenn Sie Stärken, Schwächen, Chancen und Risiken in eine Matrix eintragen. Auf diese Weise können Sie für sich visualisieren, welche persönlichen Schwächen Ihnen auf

Eine Vorlage für eine »SWOT-Analyse« finden Sie auf der beigefügten CD.

---

5 Liebmann, Heide: Neupositionierung: *Raus aus der Krise, rein in die ganz eigene Nische*, akademie.de 2010.

Ihrem Markt hinderlich sein können – und welche Stärken Sie benötigen, um bestimmte Risiken Ihres Marktes auszuschalten.

Beispiel aus der Praxis

Sonja Millern ist freiberufliche Übersetzerin für Englisch und Spanisch. Zu ihren persönlichen *Stärken* zählt sie ihre Ausbildung zur Diplom-Übersetzerin mit Fachhochschul-Abschluss, Millern hat überdies mehrere Jahre als Assistentin im Managementbereich gearbeitet. Sie schätzt sich selbst als perfektionistisch und teamfähig ein, außerdem verfügt sie über ein Netzwerk an Übersetzern, Textern, Grafikern, Technikern und Juristen. Als ihre *Schwäche* sieht sie, dass sie schlecht planen kann; sie hat den Eindruck, dass sie sich häufig verzettelt und daher für ihre Projekte mehr Zeit als nötig aufwendet. Als *Marktrisiko* nimmt sie vor allem wahr, dass viele Übersetzer für deutlich niedrigere Honorare arbeiten als sie. *Chancen* ihres Marktes sieht die Übersetzerin darin, dass gerade mittelständische Unternehmen Projekte komplett auslagern möchten und auch gern Extra-Service in Anspruch nehmen.

Aus ihrer Stärken-Schwächen-Analyse zieht Sonja Millern folgende Schlüsse:

- Sie muss an ihrem Zeitmanagement (Schwäche) arbeiten, damit sie Projekte effizienter erledigen kann und somit letztlich auf einen guten Stundensatz kommt (Marktrisiko Honorar).
- Sie muss ihre Netzwerk-Stärke in ein Alleinstellungsmerkmal »Rundum-Sorglos-Paket« überführen. Dazu stellt sie eine detaillierte Liste ihres Komplett-Services auf, die sie auch für die Außendarstellung nutzt.
- Sie investiert in Marketing, um den Kunden ihr Alleinstellungsmerkmal Projektmanagement / »Rundum-Sorglos-Paket« zu vermitteln.

Aus der Stärken-Schwächen-Analyse ergibt sich meist fast automatisch das Überprüfen des eigenen Alleinstellungsmerkmals, die so genannte Unique Selling Proposition (USP).

- Gilt Ihr Alleinstellungsmerkmal nach wie vor?
- Können Sie das Einmalige Ihres Unternehmens in einem Satz formulieren?
- Kennen Sie Ihren USP überhaupt?

Tipp

In meinen Seminaren höre ich immer wieder, dass es doch viel zu viele Webentwickler, Dolmetscher, Werbetexter, Heilpraktiker oder Ingenieure gebe und ob man sich denn da überhaupt noch voneinander mit einem USP unterscheiden könne. Die Antwort lautet: Es muss nicht immer das fachliche Spezial-Know-how sein, das sonst niemand hat. Ein Alleinstellungsmerkmal kann auch die Kombination mehrerer Merkmale sein, etwa ein prall gefülltes Adressbuch mit validen Kontakten, eine hochwertige technische Ausstattung und die Fähigkeit zu effizientem Projektmanagement in einem bestimmten Bereich.

Falls Sie sich bislang noch nie systematisch mit Ihrem Alleinstellungsmerkmal befasst haben, wird es nun Zeit dafür. Ihre Stärken und Schwächen kennen Sie nun; werfen Sie jetzt einfach einmal einen Blick auf den eigenen Lebenslauf: Was haben Sie an Abschlüssen, an Weiterbildung, an Berufserfahrung vorzuweisen?

Überlegen Sie genau, ob Sie an alles gedacht haben, was Sie als Fachkraft qualifiziert – neben Fachwissen, beruflicher Erfahrung und sozialen Kompetenzen können das zum Beispiel auch private, ehrenamtliche Engagements sein. Am besten ist es, dies alles schriftlich festzuhalten. Dann überlegen Sie, welche dieser Dinge Sie am besten können, womit Sie das meiste Geld verdienen und welche Ihnen am Leichtesten von der Hand gehen. Sammeln Sie alle Pluspunkte, die Sie unverwechselbar machen – auch, wenn es in Ihren Augen unwichtige Dinge sind.

Ihre drei Leitfragen für die Suche nach dem »gewissen Etwas« lauten:

> Eine Checkliste »Positionierung« für das Erarbeiten Ihres USP finden Sie auf der beigefügten CD.

- Was unterscheidet mich von der Konkurrenz?
- Was kann ich besser, was mache ich anders als die anderen?
- Warum sollte der Kunde mir den Auftrag geben, und zwar unabhängig vom Preis?

Die Antworten auf diese Fragen sind vielfältig:

- die Fachkompetenz zu einem bestimmten Thema
- langjährige Berufserfahrung auf dem geforderten Gebiet
- eine seltene Fremdsprache
- eine hoch spezialisierte Zusatzausbildung
- erstklassige Referenzprojekte

Aber auch andere Leistungen sind hier interessant:

- freundliche und intensive Kundenbetreuung
- eine hochwertige technische Produktionsausstattung und damit die Möglichkeit, ein »Rundum-Sorglos-Paket« anzubieten
- ein Netzwerk von Experten
- Zuverlässigkeit und Termintreue
- die Bereitschaft, kurzfristig dringende Aufgaben zu übernehmen

Richten Sie Ihr Angebot also nach Ihren Stärken aus und schaffen Sie Individualität. Und vergessen Sie über all dem nicht, vom Kunden her zu denken: Er hat ein bestimmtes Problem, das Sie lösen können. Fragen Sie sich also stets, ob Ihr Alleinstellungsmerkmal für Ihre Kundenzielgruppe einen Nutzen hat – ob Ihr »einzigartiges Verkaufsversprechen« (denn genau das heißt Unique Selling Proposition) tatsächlich beim Kunden ankommt und für ihn attraktiv ist. Achten Sie dabei darauf, dass Sie sich nicht in Marketing-Sprechblasen verlieren und halten Sie die inhaltliche Substanz im Blick.

Beispiel aus der Praxis

Eine ehemalige Nachrichtenredakteurin eines öffentlich-rechtlichen Senders hat sich vor einigen Jahren selbstständig gemacht. In der jüngsten Vergangenheit hat sie durch Zufall immer wieder landwirtschaftliche Themen »beackert«, was ihr Spaß macht. Zudem hat sie neben ihrer Hörfunk- und Printkundschaft einige Verbände als neue Auftraggeber hinzugewonnen. Bei ihrer jährlichen Unternehmensanalyse kommt ihr in den Sinn, dass sie ihr Biologie-Studium in ihr Selbstmarketing einbringen könnte, um so den USP als Agrarexpertin weiter ausbauen zu können. Außerdem glaubt sie, dass sie durch ihre Nachrichtenerfahrung komplexe Themen aus diesem Bereich, etwa die Gentechnologie, verständlich erklären kann. Aus diesen Punkten formuliert sie ihr neues Alleinstellungsmerkmal.

In jedem Fall ist es wichtig, die Teilbereiche Ihres Unternehmens herauszufiltern, mit denen Sie Geld verdienen oder noch verdienen können. Größere Unternehmen tun dies mithilfe der so genannten Portfolioanalyse.

Erklärstück: Portfolioanalyse

Die Portfolioanalyse beruht auf der Annahme, dass ein Unternehmen ständig so viele neue Produkte entwickeln sollte, dass finanzielle Engpässe vermieden werden. In einer Matrix werden dazu die Produkte in verschiedene Kategorien einsortiert:

1. Neu eingeführte Produkte mit geringem Marktanteil und hohem Wachstum
2. Produkte in der Wachstumsphase mit hohem Marktanteil und hohem Wachstum
3. So genannte Cash Cows – Produkte mit hohem Marktanteil, aber niedrigen Wachstumsraten
4. So genannte Poor Dogs – Produkte mit niedrigem Marktanteil und niedrigem Wachstum

Wichtig für den Erfolg eines Unternehmens sind nach dieser Analyse die Kategorien 2 und 3: Die Cash Cows sorgen für die kurzfristigen Gewinne, die Produkte in der Kategorie 2 sollen langfristig zu Cash Cows werden und damit auf mittlere Sicht den Unternehmenserfolg sichern.

Die Instrumente der Portfolioanalyse sind nur mit Einschränkungen auf das Unternehmen eines Freiberuflers übertragbar; jedoch lassen sich einige Aussagen durchaus auf die Situation von Freiberuflern anwenden. Denn manchmal stellt sich bei der strategischen Analyse heraus, dass gewisse Dienstleistungen im eigenen Angebot zwar viel Zeit kosten, aber wenig Geld bringen. Oder sie blockieren Kapazitäten, die für attraktivere Aufträge fehlen. Oder aber man bewegt sich damit auf einem Markt, auf dem man nur noch mit Preiskämpfen überleben kann. Wenn Sie merken, dass Sie mit Ihrer bisherigen Positionierung nicht mehr gut aufgestellt sind, dürfen Sie sich auch einmal neu orientieren. Nehmen Sie sich dann Zeit für einen Strategie-Tag und lassen Sie Ihren kreativen Gedanken freien Lauf.

Eine Stärken-Schwächen-Analyse und das Herausarbeiten Ihres Alleinstellungsmerkmals sind allerdings nur erste Schritte auf dem Weg, ein klares Bild über die Pluspunkte und Defizite Ihres Unternehmens zu gewinnen. Weiter führt Sie das Unternehmenszeugnis. Hiermit beurteilen Sie, wie Ihr »Unternehmen Frei« zurzeit aufgestellt ist. Im Mittelpunkt der Benotung sollten folgende Punkte stehen:

Mehr Informationen zum Thema Ideen für neue Geschäftsfelder finden Sie in Kapitel 5 ab S. 130

- individuelles Angebot und Dienstleistungen
- Akzeptanz und Image bei Auftraggebern
- Kundenorientierung
- Kundenbetreuung
- Beratung
- Bearbeitung der Aufträge (Qualität, Dauer, Feedback)
- Service
- Umgang mit Kritik und schwierigen Kunden
- Alleinstellungsmerkmal (Vorhandensein, Aktualität)
- Marketing

Je nach Branche können Sie den Fragenkatalog dafür ergänzen oder weiter differenzieren. So könnten Sie zum Beispiel beim Thema Kundenorientierung in einem Unterpunkt überprüfen, ob Ihre Dienstleistungen noch aktuell sind oder ob Ihnen die Konkurrenz hier mehr als eine Nasenlänge voraus ist. Wünsche, die Kunden bei Ihnen bereits geäußert haben, können hierfür ebenfalls ein Indiz und damit ein weiterer Unterpunkt sein.

Beispiel aus der Praxis

Lektorin Andra Weber ist seit Jahren im Geschäft, sie hat sich auf Wirtschafts- und Werbetexte spezialisiert. Im vergangenen Jahr ist sie von ihrer mittelständischen Kundschaft des Öfteren gefragt worden, ob sie eine einheitliche Terminologie für die Unternehmenskommunikation entwerfen könne. Die Dienstleistung »Corporate Language« hatte sie bislang aber nur bei großen Konzernen im Blick. Andra Weber entschließt sich also, ihr Geschäftsfeld entsprechend zu erweitern und prüft zunächst, ob andere Lektoren aus ihrer Umgebung und/oder mit ihrer Spezialisierung diese Dienstleistung anbieten. Sie überlegt außerdem, eine Umfrage bei ihren mittelständischen Bestandskunden zu starten, um den Bedarf abzufragen.

Mit Blick auf diese Punkte und auf das zurückliegende Geschäftsjahr bewerten Sie nun die Aufstellung Ihres Unternehmens mit Schulnoten, also bedeuten eine Eins »sehr gut« und eine Sechs »ungenügend«. Wichtig ist es, dass Sie ehrlich mit sich selbst sind. Ansonsten haben Sie zwar eine schicke Checkliste, aber leider keine Hilfestellung für Ihre betriebswirtschaftliche Analyse.

Tipp

Ihr Unternehmenszeugnis wird noch aussagekräftiger, wenn Sie nicht nur das abgelaufene Jahr beurteilen, sondern auch die Vorjahresbenotungen hinzuziehen. Auf diese Weise können Sie schnell erkennen, wo Sie sich verbessert haben und wo die offenen Baustellen sind.

Werfen Sie nun ein Blick auf das Zeugnis, das Sie Ihrem Unternehmen ausgestellt haben: Haben Sie überall Bestnoten vergeben können? Schafft Ihr Unternehmen den Sprung in die nächste Klasse? Oder ist das »Unternehmen Frei« versetzungsgefährdet? In welchen Fächern müssen Sie sich einen blauen Brief schicken, woran müssen Sie arbeiten?

Erschrecken Sie nicht, wenn Sie sich das Zeugnis nun genauer ansehen. Auch bei den Großen gibt es kaum ein Unternehmen, bei dem es nicht irgendwo hakt. Und wenn Sie an mehreren Stellen Defizite festgestellt haben, müssen Sie nicht gleich alles auf einmal optimieren. Setzen Sie Prioritäten – und möglicherweise stellen Sie bei der Lösung der einen Aufgabe fest, dass sich andere Punkte gleich mit erledigen.

Damit Sie eine Idee davon bekommen, wo der Knackpunkt liegen könnte, hier einige Beispiele:

Die fünf häufigsten Schwachstellen

- Das Hobby zum Beruf gemacht:
  Auch ein Illustrator oder eine Tanzlehrerin müssen mit ihrem
  Angebot einen Nerv beim potenziellen Kunden treffen. Eine
  Dienstleistung, auch wenn sie noch so kreativ erscheinen mag,
  macht noch kein Unternehmen, wenn sie vom Kunden nicht
  angenommen wird.
- Den Dienstleister vergessen:
  Viele Freiberufler verstehen sich vor allem als Freie und weniger
  als Unternehmer, der Dienst am Kunden leistet. Wer mit einer
  solchen Einstellung am Markt agiert, wird meist lediglich über
  den Preis gebucht. Dass dieser dann nicht sehr hoch sein kann,
  versteht sich fast von selbst.
- Kunde, was willst du?
  Die Bedürfnisse der Auftraggeber stehen im Mittelpunkt. Aber
  welche Probleme hat der Kunde eigentlich? Viele Freiberufler wissen das nicht oder zumindest nicht so ganz genau. Dabei sollen
  sie als Dienstleister Problemlöser für ihre Kunden sein – und sich
  an ihnen orientieren.
- Hauptsache Aufträge:
  Entscheidend ist bei allem die Qualität der eigenen Arbeit – von
  der eigentlichen Bearbeitung über die Zuverlässigkeit bis hin zum
  Umgang mit Feedback. Wer mehr Arbeit macht als erledigt, ist als
  Dienstleister fehl am Platz.
- Kollege kommt gleich:
  Am Ende zählt das gute Gefühl beim Kunden. Er muss sich
  rundum gut betreut fühlen, der Service muss stimmen und ein zusätzliches Leistungsbonbon sollte ab und zu drin sein. Zufriedene Kunden sorgen für Empfehlungen, unzufriedene für einen schlechten Ruf des Dienstleisters.

Eine Vorlage für die »Checkliste Kundenorientierung« finden Sie auf der beigefügten CD.

Beispiel aus der Praxis

Die Texterin Andrea Görsch ist seit mehreren Jahren selbstständig. Seit einiger Zeit macht sie sich Gedanken darüber, was
sie verbessern könnte. Obwohl sie durchaus positive Rückmel-
dungen auf ihre einzelnen Projekte bekommt, möchte sie nun ein
genaueres Bild über ihre Arbeit haben. Daher hat sie einen Fragebogen entwickelt, mit dem sie die Zufriedenheit ihrer Kunden
ausloten will (siehe Abbildungen 3.2 und 3.3 auf S. 68 und 69). Das
Ergebnis: Knapp die Hälfte der Angeschriebenen hat geantwortet,
mit überaus positivem Feedback. Ein Kunde meinte sogar, dass
er eine solche Befragung außergewöhnlich im positiven Sinne
fände. Nach diesen Erfahrungen will Andrea Görsch die Befragung
bei Erstkunden als Instrument zur Kundenbindung nutzen und
diesen Fragebogen künftig immer nach Abschluss eines Auftrags
einsetzen.

Ihr Unternehmenszeugnis wird umso aussagekräftiger, wenn Sie
sich nun mit der Konkurrenz vergleichen. Analysieren Sie also Ihre
direkten Mitbewerber, vor allem in punkto Al-
leinstellungsmerkmale und Nutzenversprechen.
Denn das sind die Kriterien, die nach außen hin
sichtbar werden.

Um einen Überblick über den Markt zu bekommen, auf dem Sie sich bewegen, sollten Sie
sich im ersten Schritt Ihre Wettbewerber genau

*Beispiele für die Kun-
denzufriedenheitsab-
frage und das Anschrei-
ben finden Sie auf der
beigefügten CD.*

ansehen – am besten mithilfe Ihres Leistungsportfolios und natürlich
mit Blick auf Ihren eigenen USP. Klären Sie für sich, wer eigentlich
zu Ihren Wettbewerbern gehört. Dozenten zum Beispiel haben es
nicht nur mit anderen ausgebildeten Trainern zu tun, sondern auch
mit Freiberuflern, die ihr Spezialwissen in Workshops oder Seminaren weitergeben. Fotografen etwa konkurrieren öfter mit Journalisten, die für ihre Redaktionen die Bilder direkt mitliefern müssen.
Überprüfen Sie also, welche Anbieter ähnliche oder gleiche Leistungen offerieren wie Sie. Wenn Sie als Ihr potenzieller Kunde auf der
Suche nach Unterstützung wären – wo könnten Sie sich Rat holen?
Auf welche Ressourcen würden Sie zugreifen?

WORTLADEN . Andrea Görsch . Kampstr. 48 A . 30629 Hannover   Andrea Görsch

Firma
Frau Kundin
Musterstr. 3
3000 Hannover

Kampstraße 48 A
30629 Hannover
Telefon 0511 . 542 19 88
Fax   0511 . 542 85 77
Mobil   0176 . 209 53 566
info@wortladen.com
www.wortladen.com

9. Mai 2011

Bitte um Ihr Feedback

Sehr geehrte Frau Kundin,

Baustein 1: vor einiger Zeit haben wir zum ersten Mal zusammen gearbeitet. Ich habe „spezifische Dienstleistung einsetzen." oder Baustein 2: wir arbeiten nun schon seit einiger Zeit sehr angenehm zusammen. Man lernt sehr viel, so meine feste Überzeugung, aus einem konstruktiven Feedback. Da ich mich ständig verbessern möchte, bitte ich Sie um fünf Minuten Ihrer Zeit.

Ich habe das Feedback anonym angelegt, Sie können Ihren Gedanken also freien Lauf lassen. Wenn Sie eine Antwort von mir möchten, „outen" Sie sich einfach. Gerne melde ich mich dann bei Ihnen.

Für Ihr Feedback können Sie entweder den beigefügten frankierten Umschlag benutzen oder es an mich faxen – besten Dank für Ihre Mühe!

Mit herzlichen Grüßen aus Hannover

Andrea Görsch

Anlagen

Sparkasse Hannover
BLZ   250 501 80
Kto   901 060 879
St.-Nr.   24/144/06288

Abbildung 3.2: Anschreiben Kundenbefragung

WORT LADEN

Wortladen
Andrea Görsch
Kampstr. 48A
30629 Hannover

Andrea Görsch

Oder einfach per Fax: 0511 / 542 8577

Feedback für den Wortladen

Bitte benoten Sie nach Schulnoten (1 = sehr gut, 2 = gut, 3 = befriedigend,
4 = ausreichend, k. A. = keine Angabe / kann ich nicht beurteilen / kam nicht in Frage).

		1	2	3	4	k. A.
a)	Wie beurteilen Sie die Qualität meiner Arbeit?	☐	☐	☐	☐	☐
	Wie zufrieden sind Sie mit dem Arbeitsablauf?	☐	☐	☐	☐	☐
	Wie gut halte ich meine Aussagen ein?	☐	☐	☐	☐	☐
	Wie gut fühlen Sie sich als Kunde betreut?	☐	☐	☐	☐	☐
b)	Zu meinem Angebot: Ist es detailliert und komplett?	☐	☐	☐	☐	☐
	Stimmen Angebot, Leistung und Rechnung überein?	☐	☐	☐	☐	☐
c)	Wie beurteilen Sie meine Erreichbarkeit?	☐	☐	☐	☐	☐
	Melde ich mich zuverlässig zurück?	☐	☐	☐	☐	☐
	Zur Kommunikation: Ist sie klar und angemessen?	☐	☐	☐	☐	☐
d)	Wie beurteilen Sie meine Tipps jenseits der eigentlichen Dienstleistung?	☐	☐	☐	☐	☐
	Wie informativ ist die Website www.wortladen.com?	☐	☐	☐	☐	☐
	Wie beurteilen Sie den Wortladen insgesamt?	☐	☐	☐	☐	☐

Raum für weitere Anmerkungen

_____

_____

Herzlichen Dank für Ihre Mitarbeit!

Abbildung 3.3: Abfrage Kundenzufriedenheit

Nun kennen Sie Ihre Konkurrenz, haben möglicherweise schon einen ersten Blick auf deren Homepage geworfen. Das allein reicht aber noch nicht aus. Denn jetzt müssen Sie in einem nächsten Schritt Ihre Mitbewerber analysieren, sich mit ihnen messen. Denn die Defizite der anderen sind Ihre Chance, unabhängig davon, ob sie im Angebot, im Service oder in der Außendarstellung liegen.

Ein Plus-Minus-Konkurrenz-Check, wie ihn die Düsseldorfer Kommunikationsberaterin Heide Liebmann entwickelt hat, kann Ihnen bei dieser Analyse helfen (siehe Abbildung 3.4 auf S. 71). Er funktioniert ganz ähnlich wie Ihr Unternehmenszeugnis: Sie vergeben ein Minuszeichen für kleinere Schwächen und zwei oder gar drei für gravierende Mängel. Ebenso verfahren Sie bei den Stärken: ein Plus für »gut«, zwei oder drei für »sehr gut« bis »hervorragend«.

Die Konkurrenz-Analyse finden Sie auf der beigefügten CD.

Am besten füllen Sie nicht nur für jeden Ihrer Konkurrenten eine solche Checkliste aus, sondern übertragen auch Ihre Zeugnisbeurteilung in diese Checkliste. Denn auf diese Weise können Sie sehr schnell feststellen, wo Sie im Vergleich zu Ihren Wettbewerbern stehen. Stellen Sie Ihr Fazit unter folgende drei Leitfragen:

- Was ist mir positiv aufgefallen?
- Was habe ich Negatives gesehen?
- Welche Schlüsse ziehe ich daraus?

Mitbewerber	-	--	---	+	++	+++
Marketing:						
Corporate Identity						
Homepage						
Blog						
Social Media Marketing (Twitter etc.)						
Flyer						
PR						
Veranstaltungen						
Persönliches Auftreten						
Freundlichkeit						
Image, persönlicher Stil						
Glaubwürdigkeit, Authentizität						
Kompetenz						
Themen						
Besondere Angebote						
Kompetenznachweise, Referenzen						
Service						
Erreichbarkeit, Kontaktmöglichkeiten						
Lage, Erreichbarkeit						
Räumlichkeiten, Erscheinungsbild von außen						

Abbildung 3.4: Konkurrenzanalyse.[6]

Nun haben Sie ein recht klares und detailliertes Bild davon, wo Sie stehen, welche Stärken Sie noch mehr in Ihr Alleinstellungsmerkmal einbringen sollten und an welchen Schwächen Sie arbeiten müssen. Vielleicht haben Sie mithilfe des Konkurrenzchecks herausgefunden, dass Sie Ihren USP überarbeiten oder feiner definieren sollten. Einer muss dabei jedoch stets im Vordergrund stehen: der Kunde. Und um diesen kümmern Sie sich im nächsten Analyseschritt.

6 Liebmann, Heide: *Der Nasenfaktor. Wie Berater sich unverwechselbar positionieren*, Frankfurt/Main 2007.

3.2 Wer bringt das Geld? Einnahmen und deren Regelmäßigkeit überprüfen

Sie haben viele Kunden? Das ist zunächst einmal erfreulich für Sie. Aber die Menge allein ist hier wenig aussagekräftig. Wichtiger sind folgende fünf Punkte:

1. Haben Sie ausreichend viele Stammkunden, die Sie immer wieder mit Aufträgen, vielleicht sogar mit einem monatlichen Fixum versorgen?
2. Wie viele »Eintagsfliegen« sind unter den Kunden des vergangenen Jahres?
3. Haben Sie Auftraggeber, die unter »Zeitfresser« zu verbuchen sind?
4. Entspricht Ihre Kundschaft der von Ihnen angepeilten Zielgruppe Ihrer Dienstleistungen?
5. Wie viele Kunden fallen in die Kategorie »Spaßfaktor«?

Der Tenor dieser Fragen ist klar: Sie müssen mittelfristig mit stetigen, besser noch steigenden Einnahmen rechnen können; dazu zählt auch, dass Sie effizient arbeiten können. Das Geld allein sagt jedoch noch nicht alles über den Wert eines Kunden aus: Denn wichtig ist, dass Sie den Hauptteil Ihrer Aufträge in dem Bereich erbringen, in dem Sie sich mit Ihrem Angebot und Ihrem Alleinstellungsmerkmal positioniert haben. Das ist deshalb so entscheidend, weil Sie damit Referenzen und Erfahrungen auf diesem Gebiet sammeln können – und letztlich ein gutes Honorar für Ihre Kernkompetenz bekommen. Und natürlich fällt Ihnen die Arbeit am leichtesten, die Ihnen am meisten Spaß macht.

Tipp

Natürlich dürfen Sie auch ab und zu Aufträge erbringen, die etwas abseits dieser Kernkompetenzen liegen. Aber diese sollten nicht den Hauptteil Ihrer Arbeitszeit blockieren. Wenn Sie dagegen merken, dass Ihnen bestimmte Aufträge einfach mehr Spaß machen als andere, denken Sie am besten über eine Neupositionierung nach.

Wie aber finden Sie die Antworten auf diese Fragen? Hier müssen Sie Werte aus der jüngsten Vergangenheit zu Rate ziehen, um Prognosen für die Zukunft treffen zu können. Das klingt komplizierter als es ist. Nehmen Sie sich einfach Ihren Rechnungsordner des vergangenen Jahres vor und addieren Sie – Kunde für Kunde – die Honorareingänge. Dann schauen Sie in einem zweiten Schritt, wie oft der jeweilige Auftraggeber Sie im vergangenen Jahr beauftragt hat – jeden Monat? Oder nur ein- bis zweimal im Jahr? Als Nächstes teilen Sie die Honorarsumme, die sich für den einzelnen Kunden ergeben hat, durch zwölf. Auf diese Weise erhalten Sie einen monatlichen Durchschnitt für den jeweiligen Auftraggeber. Nun sortieren Sie das Ganze: Von welchen Kunden erhalten Sie am häufigsten Aufträge? Wer steht bei der Gesamtsumme der Honorare ganz vorne? Wie sieht der Durchschnitt auf den Monat gerechnet aus?

Um sich einen besseren Überblick zu verschaffen, tragen Sie die Daten am besten in eine Tabelle ein. In der Abbildung 3.5 auf S. 74 finden Sie ein Beispiel dafür, wie Sie das Ganze sortieren können:

Und so gehen Sie mit dieser Checkliste um: Sie nehmen sich Ihre Kundenunterlagen vor, zum Beispiel den Rechnungsordner des zurückliegenden Jahres und tragen alle regelmäßigen Einnahmen in die jeweiligen Spalten ein. Notieren Sie sowohl, wie häufig Sie im Schnitt Aufträge der einzelnen Kunden erhalten haben, als auch, wie viel Honorar es für das einzelne Projekt gegeben hat. Wichtig ist, dass Sie nur gleichgeartete Aufträge eines Kunden in eine Zeile schreiben. Sollten Sie auch noch andere Projekte für den gleichen Auftraggeber zu anderen Konditionen erledigt haben, listen Sie dies in einer weiteren Zeile auf.

Rechnen Sie das Honorar dann auf das Jahr hoch und teilen Sie die Summe durch zwölf, um einen Durchschnittswert für einen Monat zu erhalten. Werfen Sie dann einen Blick in Ihre Stundenaufzeichnungen und nutzen Sie dazu gegebenenfalls die Durchschnittswerte, die Sie daraus gebildet haben.

Schreiben Sie in diese Liste wirklich nur die Aufträge hinein, die über das vergangene Jahr regelmäßig erteilt wurden. Einmalige Projekte, bei

Mehr Informationen zum Thema Durchschnittswerte finden Sie in diesem Kapitel auf S. 77

Kunde	neu akquiriert 2010	Projekte	Häufig- keit	Honorar im Jahr	Durchschnitts- honorar im Monat	Durchschnittswert Stundensatz (Basis Stunden- auswertung)
Firma Mustermann		Pflege Internetportal	12 x pro Jahr (800 € pro)	9.600,00 €	800,00 €	88,00 € (~ 9 Std.)
Unternehmen Z		Interviews und Kurzbeiträge Kundenmagazin	4 x pro Jahr (1875 € pro)	7.500,00 €	625,00 €	250,00 € (~ 7,5 Std.)
Agentur Für alle Fälle		Newsletter, Webcontent für diverse Online- Projekte	12 x pro Jahr (500 € pro)	6.000,00 €	500,00 €	55,00 € (~ 9 Std.)
Unternehmen Mannomann		Newsletter	6 x pro Jahr (950 € pro)	5.700,00 €	475,00 €	95,00 € (~ 10 Std.)
Agentur XY		Firmenporträts	4 x pro Jahr (1.350 € pro)	5.400,00 €	450,00 €	225,00 € (~ 6 Std.)
Verband ABC		Blog-Beiträge und Webcontent	12 x pro Jahr (250 € pro)	3.000,00 €	250,00 €	45,00 € (~ 5,5 Std.)
Verlag Musterstadt	ja	Themen- Schwerpunkte	3 x pro Jahr (760 € pro)	2.280,00 €	190,00 €	138,00 € (~ 5,5 Std.)
Firma 0815	Ja	Webcontent	12 x pro Jahr (160 € pro)	1.920,00 €	160,00 €	160,00 € (~ 1 Std.)
Seminaranbieter Sowieso		Web-Trainings	2 x pro Jahr (900 € pro)	1.800,00 €	150,00 €	58,00 € (~ 15,5 Std.)
Seminaranbieter Undnochmehr		Web-Trainings	2 x pro Jahr (900 € pro)	1.800,00 €	150,00 €	90,00 € (~ 10 Std.)
Organisation Mustergültig	ja	Newsletter	4 x pro Jahr (300 € pro)	1.200,00 €	100,00 €	75,00 € (~ 4 Std.)
SUMME					3.850,00 €	

AUFTRÄGE OHNE MONATSERWARTUNG:

- Verlag ABC
- Verlag NN
- Seminaranbieter XYZ
- Agentur Oho
- Organisation Aber hallo

Umsatzprognose: 3.850,00 € / Monat
(ohne Einzelaufträge)

Umsatzziel laut Kalkulation: 5.250,00 €/Monat

Differenz = 1.400,00 €/Monat

Abbildung 3.5: Checkliste Auftraggeber

denen noch keine wiederkehrenden Einnahmen absehbar sind, listen Sie separat auf. Addieren Sie die regelmäßigen Einnahmen und bilden Sie daraus Ihre Umsatzprognose. Ein Vergleich mit Ihrem Umsatzziel zeigt Ihnen auf, ob Sie eine Umsatzlücke haben und ob Sie akquirieren müssen.

Mit einer solchen Auswertung können Sie noch andere wichtige Punkte erfahren, je nachdem, was Sie über die Analyse steuern möchten, zum Beispiel:

- Welche Kunden habe ich im vergangenen Jahr neu akquiriert?
- In welchem Honorarbereich bewegt sich die neue Kundschaft?
- Welche tatsächlichen Umsätze mache ich mit dem jeweiligen Kunden auf die Stunde umgerechnet?

Die »Checkliste Auftraggeber« finden Sie als Vorlage auf der beigefügten CD.

Außerdem können Sie auf diese Weise ermitteln, ob Sie Ihr Umsatzziel bereits mit der Stammkundschaft erreichen können oder ob hier noch Lücken bestehen. Daraus ergeben sich wiederum Konsequenzen für die Akquisestrategie: Besteht bei der Kundschaft noch Potenzial oder müssen Sie sich um neue Aufträge kümmern?

Mehr Informationen zum Thema Umsatzziel finden Sie in Kapitel 2 auf S. 41

Tipp

Übernehmen Sie nur solche Aufträge in Ihre Liste, bei denen Sie mit einiger Sicherheit eine ähnliche Entwicklung für das kommende Jahr erwarten. Gehen Sie hier lieber mit kaufmännischer Vorsicht vor: Besteht die Geschäftsbeziehung tatsächlich noch? Haben sich Ansprechpartner oder Projektanforderungen geändert? War es der erste Auftrag des Kunden im zurückliegenden Jahr? In solchen Fällen führen Sie die betreffenden Kunden lieber in der separaten Liste »Aufträge ohne Monatserwartung« auf.

Um die finanzielle »Werthaltigkeit« Ihrer Kunden überprüfen zu können, sollten Sie schon während eines Geschäftsjahres Stundenlisten führen. Denn die Honorare an sich sagen wenig darüber aus, ob die Aufträge tatsächlich rentabel sind. Ein Beispiel: Sie freuen sich über einen neuen Kunden, der Ihnen für einen Auftrag ein vierstelliges Honorar zahlen will. Die Arbeit an dem Auftrag häuft sich jedoch: Sie können nur stückweise arbeiten, weil die Zulieferung vom Kunden nicht reibungslos klappt, es sind zahlreiche telefonische und persönliche Abstimmungen und Feedbackschleifen nötig, die Reisezeit zum Kunden kommt hinzu. Am Ende haben Sie gut 50 Arbeitsstunden in den Auftrag gesteckt – und damit lediglich einen realen

Stundensatz im untersten Bereich erwirtschaftet, womöglich sogar unter Ihrer individuellen Schmerzgrenze. Wiederum kann es andere Aufträge geben, die auf den ersten Blick wenig einträglich sind. Vielleicht geht Ihnen die Arbeit aber besonders leicht von der Hand und schon haben Sie schnelles Geld verdient.

Um das festzustellen, müssen Sie einen laufenden Überblick darüber haben, wie lange Sie woran arbeiten.

Ob Sie eine Excel-Tabelle benutzen oder Ihre Beobachtungen lieber auf einem Block zu Papier bringen, sollten Sie Ihrer persönlichen Vorliebe folgend entscheiden. Wichtig ist, dass Sie regelmäßig Buch darüber führen, wie viele Stunden Sie an einem Auftrag gearbeitet haben. Eine möglicherweise lästige Pflicht, die sich aber mittelfristig auszahlt: Denn nur so finden Sie heraus, bei welchen Aufträgen sich mit dem geringsten Aufwand der höchste Umsatz erzielen lässt.

Die Vorlage für »Stundenliste« finden Sie auf der beigefügten CD.

Tipp

Am einfachsten ist es, wenn Sie Ihr Stundenbuch immer parat haben. Sie können morgens als erste »Amtshandlung« die Datei Ihrer Stundenliste am PC öffnen oder Sie legen sich die ausgedruckte Version auf den Schreibtisch. Wenn Sie viel unterwegs sind, packen Sie sich Ihr Stundenbuch in die Tasche – und natürlich gibt es auch entsprechende Anwendungen für Ihr Smartphone.

In Ihre Stundenliste tragen Sie aber nicht nur die Arbeit an Ihren Projekten ein, sondern auch all das, was sonst noch getan werden muss – von der Umsatzsteuer-Voranmeldung über Blog-Pflege und Ablage bis hin zur Akquise. All diese Aktivitäten gehören zu Ihrem Unternehmen dazu und müssen erledigt werden. Auch Fahrt- und Reisezeiten gehören in Ihre Aufzeichnungen. Sie können Ihre Stundenliste der Einfachheit halber beispielsweise in folgende verschiedene Kategorien aufteilen:

- Kundenprojekte
- Administratives
- Kundenbindung
- Akquise
- Reisezeit
- Weiterbildung

Auf diese Weise erhalten Sie Daten über Ihre Auslastung und Ihre produktiven Kapazitäten: Denn je mehr Raum die allgemeinen Tätigkeiten einnehmen, umso weniger Zeit bleibt Ihnen für die eigentliche Projektarbeit.

Listen und Aufzeichnungen sind Balsam für die Buchhalterseele, aber wenig wert, wenn Sie sie nicht analysieren. Daher sollten Sie sich schon während des Jahres, am besten einmal im Monat, die Zeit nehmen, um Ihre Stundenliste auszuwerten. Eine erste Hilfestellung bietet Ihnen eine Checkliste, in die Sie die Durchschnittswerte eintragen können. Um herauszufinden, wie sich Ihre Aufträge strukturieren und welche Kunden Ihnen etwas wert sein sollten, beantworten Sie sich folgende Fragen anhand Ihrer Aufzeichnungen:

Die »Checkliste Durchschnittswerte« finden Sie auf der beigefügten CD.

- Wie viel Zeit habe ich insgesamt gearbeitet?
- Wie viele Stunden entfielen davon auf Projektarbeit für Kunden (gegebenenfalls prozentual)?
- Wie lange habe ich an den einzelnen Aufträgen gearbeitet?
- Wie viel Zeit habe ich in Kundenbindung und Akquise investiert?
- Wie viel Zeit haben Korrespondenz, Telefonate und Buchhaltung in Anspruch genommen?
- Wie viele Stunden war ich mit dem Auto oder der Bahn zu Terminen unterwegs?
- Wofür habe ich sonst noch Zeit benötigt?

Tipp

Wenn Sie sich Ihre Stundenliste und Ihre monatlichen Auswertungen zur Gewohnheit machen, können Sie herausfinden, ob Sie bei wiederkehrenden Aufträgen und Arbeiten schneller werden. Oder aber, ob sich diese Routine nicht einstellt. Dann wiederum sollten Sie neue Schlüsse ziehen: Gibt es Stellschrauben, an denen Sie drehen können, um bei dem betreffenden Auftrag effizienter zu werden? Oder ist es vielleicht rentabler, sich von dem Projekt zu verabschieden, um Zeit für neue Aufträge zu haben?

Ermitteln Sie für jedes Projekt den Stundensatz, den Sie aufgrund der tatsächlich benötigten Arbeitszeit erzielt haben. Vergessen Sie dabei nicht, mögliche Fremdkosten zu berücksichtigen – Honorare für andere Dienstleister etwa, die Sie bei dem Projekt unterstützt haben, oder notwendige Auslagen. Und halten Sie bei der Auswertung stets im Blick, welche Stundensätze Sie sich in Ihrer Kalkulation ausgerechnet haben – sowohl was die Schmerzgrenze als auch was das Umsatzziel angeht. Markieren Sie die Aufträge, deren tatsächliche Stundensätze unter Ihrer Schmerzgrenze liegen; beobachten Sie solche Aufträge und prüfen Sie, woran es liegen könnte:

- Sind unvorhergesehene Schwierigkeiten beim Auftrag eingetreten?
- Gibt es langwierige Abstimmungsprozesse mit dem Kunden?
- Haben Sie Möglichkeiten, Ihre Arbeitszeit an dem Projekt effizienter zu gestalten? Gerade bei diesem Punkt hilft manchmal ein Blick von außen.
- Haben Sie sich beim Honorar verschätzt, können Sie beim Preis nachverhandeln?

Wenn Sie feststellen, dass Sie keine Möglichkeiten haben, den reellen Stundensatz zu erhöhen, müssen Sie eine strategische Entscheidung treffen. Das bedeutet, Sie müssen entweder die Häufigkeit solcher Projekte eingrenzen – zum Beispiel auf einmal pro Monat oder einmal pro Quartal. Oder aber Sie müssen sich von dem betreffenden Projekt und dem Kunden trennen. Für welchen Weg Sie sich in solchen Situationen entscheiden, wird letztlich von der Kombination des finanziellen und des immateriellen Kundenwerts bestimmt. Mit anderen Worten: Sie müssen abwägen, ob der Kunde die finanziellen Nachteile für Sie anders wettmacht. Zum Beispiel, weil er für Ihr Portfolio eine 1a-Referenz darstellt. Oder weil er Sie immer wieder mal an andere potenzielle Auftraggeber weiterempfiehlt. Vielleicht machen Ihnen die Projekte einfach nur Spaß – ein Luxus, den Sie sich vielleicht gern leisten möchten. Bitte denken Sie aber gerade beim letzten Punkt daran, dass dieser Luxus durch andere rentablere Projekte finanziert werden muss.

Tipp

Damit Ihnen Ihre Arbeitszeit nicht aus dem Ruder läuft, können Sie Ihre Stunden bereits bei Projektstart limitieren. Erstellen Sie sich dazu einfach eine Auftragsliste, auf der Sie Kunde, Projekt und Liefertermin notieren. Dort können Sie auch festhalten, wie viele Stunden Sie maximal an dem Projekt arbeiten »dürfen«. Maßgeblich dafür ist Ihr Umsatzziel-Stundensatz. Wenn Sie also beispielsweise einen Auftrag mit einem Volumen von 750 Euro erhalten und für sich einen Umsatzziel-Stundensatz von 75 Euro kalkuliert haben, beläuft sich Ihr Stundenbudget für dieses Projekt auf maximal 10 Stunden.

3.3 Ein Kommen und Gehen: Welche Kunden habe ich verloren, welche gewonnen?

Über Ihre Projektauswertung des vergangenen Jahres haben Sie nun nicht nur einen Überblick darüber, mit welchen Kunden Sie wie viel Umsatz machen, sondern auch, wen Sie für sich gewinnen konnten. Ein gutes Gefühl, vor allem, wenn man es schwarz auf weiß in einer solchen Auswertung liest: Ihre Akquise hat sich in Euro und Cent ausgezahlt!

Möglicherweise haben Sie aber auch Kunden, Mandanten oder Patienten verloren oder sich selbst von Auftraggebern getrennt. Das ist ganz normal, Ihr Kundenstamm verändert sich ständig: Manche Auftraggeber bleiben Ihnen langfristig treu, andere haben vielleicht nur kurzfristig Ihre Unterstützung benötigt. Andere Kunden haben sich aber womöglich nach einigen Jahren der Zusammenarbeit von Ihnen getrennt oder Sie haben lange nichts mehr von ihnen gehört. In diesen Fällen sollten Sie sich Gedanken über das »Warum« machen.

Mehr Informationen zum Thema Akquise finden Sie in Kapitel 6 ab S. 149

Halten Sie zunächst einmal fest, welche Kunden von Bord gegangen sind.

- Welche Veränderungen haben sich bei der Kundschaft ergeben?
- Welche Auftraggeber haben sich aktiv von Ihnen getrennt?
- Welche Kunden haben sich länger nicht mehr gemeldet?

Die Kunden, die Sie tatsächlich verloren haben, werden Sie wahrscheinlich nicht neu gewinnen können. Aber Sie können aus den Motiven für die Trennung etwas lernen.

1. Gab es innerbetriebliche Gründe?
   - Wurde das Projekt eingestellt?
   - Haben die Ansprechpartner oder Entscheidungsträger beim Kunden gewechselt?
   - Haben sich die Voraussetzungen für das Projekt geändert?
2. Gab es Gründe in Ihrem Unternehmen?
   - Hat es im Projektablauf gehakt?
   - Gab es Fehler oder Verzögerungen in der Auftragsbearbeitung?
   - Lag es am Preis?
   - Wurde das Projekt an die Konkurrenz vergeben?
   - Fühlte sich der Kunde schlecht betreut?

Fallen die Trennungsgründe in den ersten Bereich, so sollten Sie mit dem Kunden lose in Kontakt bleiben und ihn zum Beispiel bei Weihnachtsmailings nicht vergessen. Denn es lag nicht an Ihnen, dass Sie vorerst getrennte Wege gehen, und möglicherweise ergibt sich schon bald ein neues, anderes Projekt. Dafür müssen Sie aber beim Kunden sichtbar bleiben – nicht aufdringlich, aber beständig.

Ist der Anlass für die Trennung hausgemacht, sollten Sie darüber nachdenken, ob Sie solchen Abwanderungen künftig vorbeugen können. Was können Sie bei der Projektkommunikation verbessern? Wären andere Preismodelle (zum Beispiel Pauschalpreis oder Budget statt Abrechnung nach tatsächlichem Zeitaufwand) geeigneter? Was schätzt Ihre Stammkundschaft an Ihnen, was Sie vielleicht bei diesem Kunden vernachlässigt haben? Und nicht zuletzt: Was macht die Konkurrenz anders oder besser als Sie, dass der Kunde den Dienstleister gewechselt hat?

Eines jedoch können Sie als Konsequenz außer Acht lassen: billiger sein um jeden Preis. Im Gegenteil: Wenn die Dienstleistung gestimmt hat, der Kunde mit dem Projektergebnis zufrieden war und »nur« zur Konkurrenz gegangen ist, weil diese Sie im Preis geschlagen hat, kann es sogar gut sein, dass er über kurz oder lang wieder zu Ihnen zurückfindet. Denn erfahrungsgemäß bezahlen Auftraggeber für gute Leistung lieber ein bisschen mehr, als dass sie bei einem billigeren Angebot ständig nacharbeiten und nachbessern müssen.

3.4 A-, B- und C-Kunden: Bewerten Sie Ihre Auftraggeber

Aus den vorangegangenen Analysen haben Sie viel über den Wert Ihrer Kunden erfahren. In der Tat unterscheiden sich Kunden und potenzielle Auftraggeber – nicht jeder Kunde ist gleichermaßen wichtig und rentabel für Sie. Daher sollten Sie Ihre Kundschaft durchaus der gleichen kritischen Analyse unterziehen, wie Sie das schon für sich und Ihre Konkurrenz getan haben. Natürlich geht es nicht nur um den finanziellen Anteil, sondern auch um andere Kriterien. Schauen Sie aus verschiedenen Blickwickeln auf Ihre Kunden, um herauszufinden, wem Sie welche Kapazitäten und Ressourcen zukommen lassen.

Ganz klassisch ist die Aufteilung der Kunden nach A-, B- und C-Kunden. Dabei werden die Auftraggeber nach dem Anteil am Umsatz bewertet.

A-Kunden: Auftraggeber mit den größten Umsatz (ca. fünf Prozent der Kunden)

B-Kunden: Auftraggeber mit mittelgroßen Umsätzen (ca. 15 Prozent der Kunden)

C-Kunden: Auftraggeber mit kleinen Umsätzen (ca. 80 Prozent der Kunden)

Wenn Sie herausgefiltert haben, wer zu Ihrer A-Kundschaft gehört, müssen Sie im nächsten Schritt überlegen, ob Sie hier genug in die Kundenbindung investieren. Auch der Service muss stimmen: Wenn Sie auf Informationen stoßen, die für den jeweiligen Kunden nützlich sein könnten, freut sich dieser sicher über eine E-Mail. Und berechnen Sie nicht sklavisch jedes Telefonat, sondern sehen Sie manche Zusatzleistung einfach als Service des Hauses.

Tipp

Führen Sie unbedingt eine Kunden-Datenbank, sofern Sie eine solche noch nicht haben. Welches Tool Sie dafür nutzen, ist im Grunde gleichgültig. Ob Sie eine Excel-Tabelle anlegen oder ein komplexes Datenbanksystem nutzen: Entscheidend ist, dass Sie nicht nur die Adressdaten Ihrer Kunden jederzeit parat haben, sondern auch zusätzliche Informationen – Geburtstage von Ansprechpartnern, vielleicht besondere Interessen. Und hier können Sie auch die Resultate Ihrer Kundenbewertung einpflegen und entscheiden, ob der jeweilige Kunde beim nächsten Mailing zum Beispiel nur eine Karte oder ein kleines Geschenk erhält.

B-Kunden können sich zu A-Kunden entwickeln. Dafür müssen Sie analysieren, ob Sie das Potenzial des Auftraggebers vollständig ausschöpfen.

- Kennt der Kunde Ihr Alleinstellungsmerkmal?
- Ist er über Ihr Dienstleistungsspektrum ausreichend informiert?
- Gibt es andere Abteilungen beim Kunden, die Ihre Dienste ebenfalls in Anspruch nehmen könnten?

»Kleinvieh macht auch Mist« – diese Devise gilt nicht unbedingt für jeden C-Kunden. Hier sollten Sie einen kritischen Blick vor allem auf die Arbeitszeit werfen: Sind die Projekte schnell zu erledigen oder blockieren sie trotz geringem Umsatz viel Zeit? Manchen Kunden kann man eine Budgetregelung vorschlagen, sodass ein gewisser

Mindestumsatz entsteht. Aber auch bei der ABC-Analyse dürfen Sie sich nicht nur von den Zahlen blenden lassen. Genau wie bei Ihrer Projektauswertung kann es hier Faktoren geben, die dafür sprechen, auch die Geschäftsbeziehungen zu den C-Kunden zu pflegen, etwa das Empfehlungspotenzial. Umgekehrt kann die Beziehung zu manchem A-Kunden sehr anstrengend sein, zum Beispiel durch Sonderwünsche oder hohen Betreuungsaufwand. Die Gleichung »Hoher Umsatz = wichtiger Kunde« geht nicht in jedem Fall auf.

Eine ABC-Analyse sollten Sie auch vornehmen, wenn Sie Angebote abgeben. Überlegen Sie kurz: Wie lange haben Sie an Ihrem letzten Angebot gesessen? Zwei Stunden, einen halben Tag – oder gar länger? Die meisten Freiberufler haben wenig pauschalierbare Leistungen, was das Schreiben der Angebote nicht einfacher macht. Zwar haben Sie mit Ihrer Preisliste erste gute Anhaltspunkte, aber häufig reicht das noch nicht aus. Vor allem bei neuen Kunden lohnt es sich daher zu unterscheiden, wer anfragt und wie genau man beim ersten Angebot reagiert. Meist lassen sich drei Situationen unterscheiden:

Mehr Informationen zum Thema Preisliste finden Sie in Kapitel 2 ab S. 46

1. Der Kunde zeigt beim ersten Telefonat starkes Interesse an Ihren Dienstleistungen und wird bereits sehr konkret; der Preis scheint nicht so eine große Rolle zu spielen bei der Wahl des Anbieters.
2. Der Kunde ist interessiert, hat aber offenbar noch andere Dienstleister angefragt. Möglicherweise sind Sie sogar nur ein Zählkandidat, etwa bei Anfragen oder Ausschreibungen von öffentlichen Auftraggebern.
3. Der Kunde hat wenig Erfahrungen mit externen Dienstleistern, möchte es aber jetzt gern einmal versuchen. Meist handelt es sich hierbei um mittelständische Unternehmen.

In den Fällen zwei und drei müssen Sie unter Umständen damit rechnen, dass Sie nicht zum Zug kommen. Sie sollten daher überlegen, wie Sie die Arbeit am Angebot vorab eingrenzen können. Eine Möglichkeit ist, dass Sie im Telefonat Ihren Stunden- oder Tagessatz nennen und dann die Reaktion darauf abwarten. Alternativ können Sie ein sehr grob gefasstes Angebot vorab per E-Mail schicken, das sowohl den Stundensatz als auch den geschätzten Stundenaufwand für das Projekt enthält.

Gehört der anfragende potenzielle Kunde eher in die erste Kategorie, lohnt sich wahrscheinlich ein detailliertes Angebot. Hier können Sie sich den unternehmerischen Alltag erleichtern, indem Sie die Bausteine, die Sie aus früheren Angeboten haben, in einer Datei zusammentragen. So müssen Sie nicht jedes Mal von vorne anfangen; dies gilt natürlich auch für Positionen, die Sie in früheren Angeboten kalkuliert haben: Pflegen Sie diese direkt in Ihren Honorarrahmen ein. Gegebenenfalls können Sie sogar mit Excel-Tabellen arbeiten, aus denen sich die Preise automatisch errechnen.

Trotzdem werden Sie natürlich nicht vermeiden können, dass Sie in Ihren Angeboten flexibel auf den Kunden und seine ganz spezielle Situation eingehen. Schließlich erwartet dieser von Ihnen individuelle Betreuung und keine Arbeit (und Angebote) von der Stange. Und wenn Sie dann doch nicht den Zuschlag erhalten, obwohl Sie viel Arbeit in das Angebot gesteckt haben, ist dies leider nun einmal Ihr unternehmerisches Risiko. Mit anderen Worten: In solchen Fällen nicht ärgern, sondern weitermachen. Und lernen, was Sie beim nächsten Mal besser machen können. Dazu gehört, dass Sie – wenn Sie nicht sowieso schon mit der Absage eine Begründung erhalten haben – ein Angebotsfeedback einholen und folgende Fragen stellen:

Eine Vorlage »Preisliste für Angebote« finden Sie auf der beigefügten CD.

- Warum hat es nicht geklappt?
- Ist man nur bei diesem Projekt aus dem Rennen oder sind Sie grundsätzlich aus dem Spiel (und warum)?
- Wurde das Projekt verworfen?
- Wurde das Budget gekürzt?
- Gab es andere Gründe, die nicht in Ihrem Unternehmen liegen?

Und auch hier gilt: Wenn Sie nichts Grundsätzliches vom potenziellen Kunden trennt, bleiben Sie lose in Kontakt. Denn vielleicht gibt es in nächster Zeit ein Projekt, bei dem Ihre Dienstleistung wieder gefragt ist.

3.5 Der Spaßfaktor? Meine Ansprüche – und meine Realität

Freiberufler sind aus unterschiedlichen Gründen selbstständig. Einige finden keine Festanstellung, in anderen Branchen ist ein unbefristeter Job gar nicht (mehr) üblich. Wiederum andere sind in die Selbstständigkeit aus persönlichen, womöglich gar privaten Gründen hineingestolpert. Viele aber haben sich aus freien Stücken in die Freiberuflichkeit begeben. Und in den meisten Fällen haben sie alle eines gemeinsam: Sie machen ihren Job gern, denn sie haben eine Leidenschaft zu ihrem Beruf gemacht.

Genau aus diesem Grund wird das Arbeiten im eigenen Unternehmen umso schwieriger, wenn das Ganze aus irgendeinem Grund keinen Spaß mehr macht. Oft ist dies eine Kombination mehrerer Ursachen: Für die eigene Arbeit wird zu wenig gezahlt. Man nimmt daher Aufträge an, die vielleicht Geld bringen, aber nicht in der eigentlichen Kernkompetenz liegen. Dadurch verwischt sich das eigene Alleinstellungsmerkmal und die Positionierung, die man sich mühevoll erarbeitet hat, ist verloren gegangen.

Die individuellen Ansprüche und die Realität scheinen sich im Freiberufler-Dasein ab und zu auszuschließen. Trotzdem sollten Sie sich bestimmte Punkte immer wieder vor Augen führen. Denn unter dem Strich entpuppen sich folgende Strategien als ineffektiv:
- Ich muss alles können.
- Ich muss immer verfügbar sein.

- Meine Leistung muss besonders wenig kosten, sonst bekomme ich keine Aufträge.

Die richtige Strategie hingegen ist:

- Ich muss eine Marktnische suchen, damit ich weniger Konkurrenz habe und ich so von Kunden schneller und leichter gefunden werde.
- Ich muss in dieser Marktnische gut sein, dann wird sich meine Spezialisierung auch herumsprechen.
- Ich muss lernen, »Nein« zu sagen, wenn ein Auftrag außerhalb meiner Kernkompetenz liegt – denn andernfalls riskiere ich meinen guten Ruf.
- Ich muss so viel kosten, dass ich mir für die Arbeit wirklich die Zeit nehmen kann, die ich benötige, um sie gut zu machen.

Nehmen Sie Ihre Jahresrückschau daher zum Anlass, langfristige Konsequenzen aus Frust-Erlebnissen zu ziehen. Planen Sie strategische Entscheidungen, egal, ob es um die Akquise bestimmter Kunden geht, um Umsatzlücken zu füllen, oder darum, sich von Auftraggebern zu trennen, weil Sie sich umorientieren wollen. Und schreiben Sie sich diese Vorhaben auf, so konkret wie möglich. Das können zum Beispiel folgende Schlüsse sein:

Mehr Informationen zum Thema Neupositionierung finden Sie in Kapitel 5 ab S. 127

- Akquise eines weiteren Stammkunden im Umsatzformat von Bestandskunde X
- Dienstleistung XY aus dem Angebotsspektrum streichen und nicht mehr offensiv anbieten
- Social Media aktiv nutzen und quartalsweise Wirkungsgrad auf Marketing und Positionierung auswerten
- Monatliche produktive Arbeitszeit auf mindestens 110 Stunden erhöhen

Je konkreter Sie Ihr Ziel benennen, umso leichter fällt es Ihnen, das Erreichte zu kontrollieren. Das allein ist schon ein Erfolgserlebnis. Möglicherweise laufen die Dinge dann nach einem weiteren Jahr in die richtige Richtung. Tun sie das nicht, müssen Sie über neue strategische Konsequenzen nachdenken – und nach Lösungen für den Profi suchen.

Die Expertenmeinung – Constanze Hacke im Gespräch mit …

… Gesa Hellwig, Kommunikationstrainerin und Coach, Inhaberin der Agentur medie-net, Köln

Constanze Hacke: Warum ist es für einen Freiberufler wichtig, dass er regelmäßig eine Portfolioanalyse macht?

Gesa Hellwig: Eine Portfolioanalyse hilft, Abhängigkeiten zu verhindern, wenn zum Beispiel wichtige Hauptkunden plötzlich wegbrechen und dadurch finanzielle Nachteile entstehen. So kann man den selbstgeschaffenen Druck umgehen, dass man auf bestimmte Kunden nicht verzichten will, weil man keine alternativen Auftraggeber hat. Aus diesem Grund sollten Freiberufler beständig eine Kundenanalyse betreiben und daraus Akquisestrategien entwickeln.

Constanze Hacke: Warum haben Freiberufler häufig diese strategische Ausrichtung nicht so sehr im Blick?

Gesa Hellwig: Zum einen ist es das Prinzip, sich ein wenig darauf zu verlassen, dass es schon immer gut gegangen ist. Gerade Freiberufler, die schon einige Jahre am Markt sind, verlassen sich darauf, dass es immer irgendwie so funktioniert hat und dass es auch immer irgendwie so weitergehen wird. Zum anderen ist es auch fehlendes Handwerkszeug und der Mangel an Kenntnissen, wie man kontinuierlich strategisch arbeitet. Es ist eine Mischung aus der Hoffnung, dass es weiter so läuft, und einem Mangel an Kompetenz im Anpacken. Und sicher gibt es häufig auch eine Hemmschwelle bei der Akquise neuer potenzieller Kunden.

Constanze Hacke: Worin besteht diese Hemmschwelle?

Gesa Hellwig: Meist ist es eine Mischung aus »Ich will und kann mich nicht anbiedern« und der ganz natürlichen Angst vor einer Absage. Und oft ist es eben auch die Unfähigkeit, die eigenen Leistungsangebote auf den Punkt bringen zu können.

Constanze Hacke: Kennen Freiberufler, die Sie beraten, die klassischen Instrumente der Geschäftsanalyse?

Gesa Hellwig: Nein, Freiberufler agieren meist aus einem Bauchgefühl heraus. Es gibt zwar eine Ahnung, aber es gibt fast nie Zahlen und Fakten, die auf den Tisch gelegt werden können.

Constanze Hacke: Wenn jetzt jemand mit diesem unbestimmten Gefühl zu Ihnen kommt: Was empfehlen Sie ihm dann?

Gesa Hellwig: Ich rate ihm sich zu trauen genau hinzusehen, die Zahlen kritisch zu prüfen und sich unter Umständen vom Kunden zu lösen. Er sollte den Mut aufbringen und die Fakten sichtbar machen. Ich glaube, viele machen das nicht, weil sie das Ergebnis fürchten. Denn es könnte ja dabei herauskommen, dass sie oft an verschiedenen Projekten mit zu viel Aufwand arbeiten, ohne entsprechend entlohnt zu werden. Viele wollen erst gar nicht an diesen wunden Punkten rühren, weil sie eben auch nicht wissen, was sie dann machen sollen. Weil sie ahnen, dass sie sich eigentlich neu aufstellen und intensiv akquirieren müssten. Im Grunde genommen ist also das erste Bauchgefühl gar nicht verkehrt. Nur in der Konsequenz hieraus, in der Analyse liegt dann die Hemmschwelle.

Constanze Hacke: Viele Freiberufler scheitern auch daran, ein vernünftiges Alleinstellungsmerkmal herauszuarbeiten. Oft mit der Begründung, dass das, was sie anbieten, doch schon zahlreich am Markt vorhanden ist.

Gesa Hellwig: Ich denke, dass dies in der Tat schwierig ist. Natürlich gibt es viele Designer, natürlich gibt es vielleicht andere, die das genauso gut machen. Aber durch Konkurrenz kann ich mir über das, was ich wirklich gut mache, Klarheit verschaffen und in der Konsequenz strategischer und mutiger am Markt auftreten. Das ist aus meiner Sicht fast wichtiger, als sich wochen- oder monatelang zu quälen und nach diesem einen USP zu suchen, den es vielleicht wirklich gar nicht gibt.

Constanze Hacke: Kann da der Spaßfaktor auch ein Indiz dafür sein, was man besonders gut kann?

Gesa Hellwig: Der Spaßfaktor ist auf jeden Fall ein wichtiges Indiz. Hierzu ein Beispiel aus meiner Beratung: Ich betreue derzeit einen Fotografen, der einen Dauerkunden hat, einen Großkunden im Bereich Logistik und Verkehr. Er ist abhängig von diesem Großkunden und hat nun richtig erkannt, dass er erstens keine Lust mehr hat, diese monotone Arbeit noch zehn Jahre zu machen, und zweitens natürlich ein Risiko besteht, den Auftraggeber zu verlieren, wenn es zu personellen Veränderungen kommt. Jetzt haben wir das Ganze analysiert und dabei herausgefunden, dass er eine Leidenschaft für Wein besitzt. Und da er auf Still-Life-Fotografie spezialisiert ist, akquiriere ich jetzt bei Weinbauern für ihn. Das heißt also, wenn man sich ein solches Interesse bewusst gemacht hat und Spaß daran findet, also die nötige Leidenschaft mitbringt, dann sollte man sich auf eine neue Aufgabe konzentrieren.

Constanze Hacke: Der Spaß allein reicht dann aber nicht.

Gesa Hellwig: Nein. Man muss sein Handwerk gut können. Der Wille muss da sein und die strategische Klarheit – das alles zusammen wiegt dann das Fehlen von Referenzen auf. Man darf aber nicht erwarten, dass alle sofort »Hurra« schreien. Mein Erfahrungswert ist, dass man ungefähr ein Jahr benötigt, wenn man quasi von Null in eine neue Branche oder in ein neues Segment vorstößt.

Constanze Hacke: Warum fällt es Freien so schwer, sich nicht nur von bestimmten Kunden, sondern vielleicht auch von unrentablen Dienstleistungsbereichen zu trennen?

Gesa Hellwig: Häufig ist es die fehlende Alternative. Und deshalb reagieren viele eben wirklich erst, wenn der Leidensdruck überhand nimmt. Damit sind sie also nicht aktiv, sondern reaktiv. Und das ist ein Problem. Denn man hat nicht selbst aus Kenntnis und eigener Analyse losgelassen, sondern solange gewartet, bis der Bereich unrentabel geworden oder der Kunde abgesprungen ist. Und dann kommt der Frust dazu. Aber nach Alternativen zu suchen, bedeutet Arbeit. Dann hält man lieber an den alten Zöpfen fest. Letztlich ist es die mangelnde Einsicht, sich manchmal neu auf den Weg machen zu müssen.

Teil II
Lösungen für den Profi

4
Richtig rechnen – das Fundament der Profis

Die Kalkulation ist gemacht, aber das finanzielle Ergebnis stimmt nicht, die Preise sind am Markt nicht durchsetzbar. Viel Arbeit – und es kommt nur wenig Zählbares dabei heraus: ein häufiges Problem von Freiberuflern. Dieses Kapitel beschäftigt sich daher ausführlich damit, wie die kalkulierten Preise am Markt durchgesetzt werden können. Das Kapitel nimmt in punkto Zahlen Berührungsängste und führt in die Welt der Buchführung ein. Um langfristig professionell arbeiten zu können, ist außerdem Finanzplanung notwendig – und ein effektives Forderungsmanagement.

Zwischen der Kalkulation auf dem Papier und der freiberuflichen Praxis liegen meist Welten. Haben sich Freiberufler erst einmal hingesetzt und ihre kalkulatorischen Hausaufgaben gemacht, ist der Schock immer wieder groß: Das soll ich verdienen? Wer bezahlt mir solche Honorare? Wie soll ich das durchsetzen? Und was tue ich, wenn das Geld nicht hereinkommt?

Wer seine Preise beim Kunden durchsetzen will, muss wissen, wie er sich von der Konkurrenz abgrenzt und sollte sein Alleinstellungsmerkmal kennen. Aber er (oder sie) muss über das nötige Selbstbewusstsein verfügen, dies zu kommunizieren – und nicht zuletzt Verhandlungsgeschick mitbringen.

Mehr Informationen zum Thema Alleinstellungsmerkmal finden Sie in Kapitel 3 auf S. 61

4.1 Was bin ich wert? Die erfolgreiche Verhandlung

Bei einer Honorarverhandlung dreht es sich in aller Regel nicht um den Preis. Das ist gar nicht so paradox, wie es auf den ersten Blick klingt. Viele Punkte spielen in Verhandlungssituationen mit Kunden eine Rolle, das Honorar ist nur einer davon. Es muss also darum gehen, wie Sie Ihre eigene Verhandlungsposition stärken, und zwar unabhängig vom Preis. Denn wenn Sie unsicher sind, wird Ihnen jede Verhandlung schwer fallen.

Das Fundament für den Realitätstest ist bereits gelegt: Sie haben Ihre Kalkulation gemacht, haben eine Preisliste in der Schublade und außerdem Ihr Alleinstellungsmerkmal herausgearbeitet. Nun müssen Ihre Honorare am Markt bestehen. Und hier richtet sich der Preis auch nach den Bedingungen am Markt und nach der Konkurrenz; schließlich kann der Kunde tatsächlich auch woanders seine Dienstleistung einkaufen. Sie müssen nun Argumente finden, warum der Kunde Ihnen den Auftrag erteilen sollte.

Mehr Informationen zum Thema Kalkulation finden Sie in Kapitel 2 ab S. 31

Kennt denn Ihr potenzieller Kunde Ihr Alleinstellungsmerkmal? Sie sind nur ein Dienstleister von vielen, und ob Ihr Kunde sich für Sie entscheidet, hängt davon ab, ob er

- den Nutzen für sich erkennt,
- von der Qualität Ihrer Arbeit überzeugt ist,
- Ihren Service gut findet und
- mit Ihnen eine langfristige Geschäftsbeziehung eingehen möchte.

Ganz wichtig: Der Kunde entscheidet, für welchen Nutzen er bereit ist, sein Geld auszugeben. Was diesen Nutzen ausmacht, ist von Kunde zu Kunde verschieden. Für den einen ist es ein Angebot, das qualitativ hochwertig ist. Und für den anderen eine Dienstleistung, die ein Rundum-Sorglos-Paket darstellt. Ihre Argumentation muss auf diesen Nutzen abzielen; Sie müssen also die Beweggründe Ihres Kunden kennen und sich als Problemlöser für Ihren Auftraggeber sehen. Versetzen Sie sich in die Position Ihres Kunden!

Lehnt der Kunde Ihre Dienstleistung unter dem Vorwand, sie sei zu teuer ab, ist er häufig in Wirklichkeit nicht überzeugt und begeistert. Und ein Verhandlungspartner merkt schnell, wie hoch Sie selbst Ihre eigene Leistung einschätzen, ob Sie unsicher sind beim Thema Geld oder die Verhandlung einfach nur schnell hinter sich bringen wollen. Machen Sie sich bewusst, dass Ihre Preise gerechtfertigt sind, denn

- Sie sind fachlich top qualifiziert und haben einiges an Berufserfahrung vorzuweisen;
- Sie verfügen über spezielle zusätzliche Qualifikationen, in die Sie Zeit und Geld investiert haben – zum Nutzen Ihrer Kunden;
- Sie haben einen hohen Qualitätsanspruch, der sich für Ihren Kunden auszahlt;
- Sie bieten einen Rundum-Service, den Ihr Kunde sonst nur selten findet;
- Sie kennen die Branche aus eigener Anschauung und wissen um die speziellen Probleme;
- Sie halten sich auf dem Laufenden und informieren sich regelmäßig über die neuesten Trends in Ihrer Branche. Sie sind ein Dienstleister auf gleicher Augenhöhe;
- Sie haben – auch in hektischen Projektphasen und arbeitsintensiven Zeiten – stets ein offenes Ohr für den Kunden;
- Sie bieten eine kompetente, freundliche und unkomplizierte Beratung;
- Sie sind termintreu und halten Abgabetermine ein. Ihr Kunde kann sich immer auf Sie verlassen.

Mit Sicherheit finden Sie in dieser Aufzählung einiges, was auf Sie zutrifft – und diese Aufzählung hat keinen Anspruch auf Vollständigkeit. Überlegen Sie selbst, was Sie Ihrem Kunden zu bieten haben und was Ihre Preise mehr als rechtfertigt!

Lenken Sie also die Aufmerksamkeit Ihres Kunden weg vom Preis – und weg von der Konkurrenz. Aussagen wie »Sie sind aber doppelt so teuer wie Ihr Wettbewerber« oder »Bei xy kostet das aber so und so viel« sollten Sie nicht beeindrucken. Was beim Kunden ankommt, liegt in Ihren Händen: Bleibt nur der Preis hängen, wird er sich bei der Konkurrenz umhören. Ist es jedoch der für ihn erkennbare Nutzen, der ihm in Erinnerung bleibt, spielt der Preis plötzlich keine Rolle mehr.

Tipp

Wichtig ist die eigene Einstellung! Billig sein kann jeder. Ein hoher Preis vermittelt auch ein erhöhtes Image – wenn er durch hervorragenden Service, 1a-Qualität und kompetente Leistung gerechtfertigt ist. Wichtig ist, sich mit den eigenen Honoraren zu identifizieren und so beim Kunden ein Wertbewusstsein für die Leistung zu schaffen. Reflektieren Sie einfach einmal Ihr eigenes Kaufverhalten und überlegen Sie, wann Sie bereit sind, Geld auszugeben.

Selbstverständlich ist ein noch so gut durchkalkulierter Preis nicht viel wert, wenn er gegenüber dem Kunden nicht durchgesetzt werden kann. Nun ist die Verkäuferseele des Freiberuflers gefragt. Hier sind zunächst einmal zwei Voraussetzungen zu sehen:

1. Der Kunde muss es sich leisten können.
2. Der Kunde muss überzeugt sein, dass Sie den Auftrag im Prinzip nicht billiger erledigen.

In der Tat gibt es Auftraggeber, die durch schmale Budgets eingeschränkt sind. Aber das ist – entgegen der Wahrnehmung vieler Freiberufler – die Ausnahme. Wenn Sie den Satz hören: »Wir zahlen in aller Regel xy Euro«, sollte das für Sie ein Signal sein, dass es Spielraum gibt. Werden Sie also hellhörig und schlagen Sie nicht direkt beim genannten Preis ein. Kontern Sie mit Ihren Honorarsätzen – und läuten Sie damit die erste Verhandlungsrunde ein.

Tipp

Auch dort, wo der Kunde den Preis angeblich fest vorgibt, gibt es meiner Erfahrung nach Spielraum. Beispiel Journalismus: Jeder Redaktionsleiter hat, so wird mir immer wieder bestätigt, nach wie vor ein eigenes Budget. Verhandeln Sie beispielsweise nicht mehr über Zeilenhonorar, schlagen Sie Beitragspauschalen oder ein zusätzliches Pauschalhonorar für einen Infokasten oder eine selbst erstellte Grafik vor. Und lernen Sie, »Nein« zu sagen. Das heißt nicht, dass Sie den Kunden verlieren, sondern nur, dass Sie nicht Ihre Seele verkaufen.

In aller Regel wird der potenzielle Kunde verständlicherweise erst einmal einen niedrigeren Satz veranschlagen. Dies gilt vor allem dann, wenn er Grund zu der Annahme hat, dass Sie Ihre Dienstleistung billiger anbieten: Wenn der mögliche Auftraggeber von Ihnen Sätze hört wie »Wir können aber gern noch handeln« oder »Ich könnte es auch günstiger erledigen«, graben Sie sich selbst das Wasser ab – und beenden damit jede weitere Verhandlungsmöglichkeit.

Wichtig ist es zu erklären, dass Sie den Auftrag auf keinen Fall billiger abwickeln werden – zum Beispiel durch Sätze wie »Dies kostet × Euro«, »Ich berechne dafür × Euro« oder »Mein Standard-Honorar für diese Dienstleistung ist × Euro«. Dadurch demonstrieren Sie Selbstvertrauen in Ihre eigenen Preise. Diese müssen natürlich durch eine herausragende Arbeit gerechtfertigt sein.

Tipp

Ein häufiger Fehler von Freiberuflern ist es anzunehmen, dass – wenn einmal ein Kunde nicht bereit ist, den vorgeschlagenen Preis zu zahlen – er sie nie wieder kontaktiert. Die Erfahrung zeigt, dass dies so nicht stimmt. Möglich ist zum Beispiel, dass es verschiedene Budgets für unterschiedliche Projekte beim gleichen Kunden gibt. Haben Sie Ihre Qualitäten klar aufgezeigt und bei der Honorarverhandlung keine verbrannte Erde hinterlassen, wird sich der Kunde später an Sie erinnern – und Sie vielleicht ein anderes Mal beauftragen, wenn er mehr Geld zur Verfügung hat.

Neben allen wirtschaftlichen Aspekten ist der potenzielle Kunde empfänglich für Freundlichkeit, Anerkennung, Mitgefühl, Ehrlichkeit. Mit anderen Worten: Behandeln Sie Ihren Kunden so, wie er behandelt werden möchte. Kunden fällen ihre Entscheidungen gleichermaßen auf der rationalen wie auf der emotionalen Ebene. Das heißt, dass neben guten Fachkenntnissen vor allem menschliche und kommunikative Fähigkeiten den Erfolg oder Misserfolg eines Preisgesprächs bestimmen. Wichtig sind dabei folgende sieben Regeln:

1. Bereiten Sie sich gut vor.

Nur wer sich strukturiert auf ein Verhandlungsgespräch vorbereitet und seinen eigenen (Markt-)Wert, seine Fähigkeiten und Ziele kennt, kann richtig verhandeln. Und je mehr Informationen man über seine Kenntnisse und Bedürfnisse, aber auch über die des Kunden hat, umso sicherer kann man ihm gegenübertreten.

2. Nehmen Sie die Sichtweise des Kunden ein.
Argumentieren Sie stets aus Sicht des Auftraggebers und vermitteln Sie, dass Sie seine Probleme verstehen.

3. Seien Sie höflich und respektvoll.
Das Eingehen auf aktuelle Stimmungen und Gefühle des Gegenübers ist dabei ein Türöffner.

4. Verhandeln heißt nicht Feilschen.
Wer seine Leistungen nur am Preis festmacht, der wird nur nach Zahlen und nicht nach Qualität beurteilt.

5. Nicht das Budget, sondern der Bauch entscheidet.
Von Zahlen allein lässt sich niemand wirklich beeindrucken, wohl aber von lebendiger Sprache, ehrlichen Kommentaren und vor allem persönlichem Einsatz.

6. Wer fragt, führt, und wer zuhört, gewinnt.
Wenn Sie in einer Verhandlung mehr als ein Drittel der Zeit sprechen, machen Sie etwas falsch. Lieber innehalten und zuhören – und am Ende das Besprochene zusammenfassen.

7. Zum Abschluss: Nicht abwarten, sondern das Ruder in die Hand nehmen.
Mit Fragen wie »Wann darf ich mich wieder melden?« oder »Bis wann kann ich mit Ihrer Entscheidung rechnen?« demonstrieren Sie Verbindlichkeit und wirken zugleich professionell.

4.2 Argumente und Spielräume bei Preisgesprächen

Zur Vorbereitung eines Verhandlungsgesprächs zählt, die jeweiligen Erwartungen zu klären.

- Worauf legt der Kunde besonderen Wert?
- Möchte er so wenig wie möglich am Prozess beteiligt oder über jeden Schritt informiert werden?
- Geht es ihm hauptsächlich um eine schnelle Lieferung oder um eine besonders originelle Idee?

Fragen Sie also den Auftraggeber nach seinen Bedürfnissen:

- Was erwarten Sie sich von einer guten Zusammenarbeit?
- Worauf legen Sie besonderen Wert?
- Sind die Kosten wirklich Ihre wichtigste Überlegung oder ist es nicht eher die Wirtschaftlichkeit und der Nutzen für Sie?

Tipp

Nicht jede Anfrage erreicht Sie in schriftlicher Form. Häufig rufen potenzielle Auftraggeber an – und man hat kaum Zeit, sich auf die Verhandlungssituation einzustellen. Vereinbaren Sie daher bei solchen überfallartigen Anfragen einen Rückruf, zum Beispiel mit Verweis darauf, dass Sie gerade ein Projekt abschließen müssen. Legen Sie sich in der Zwischenzeit Ihre Argumente zurecht und telefonieren Sie dann in Ruhe mit dem potenziellen Kunden, und zwar zu einer Zeit, die Sie vorher mit ihm vereinbart haben.

Auch Ihre Erwartungen an die Verhandlung müssen Sie für sich klären – am besten vor dem Gespräch. Das bedeutet, dass Sie vorab eine Schmerzgrenze für dieses Projekt definieren, unter die Sie auf keinen Fall gehen können und wollen.

Beispiel aus der Praxis

Der Steuerberater Arne Meyerling bekam das Angebot, ein recht lukratives Mandat im Bereich Großhandel zu übernehmen. Er sollte die Buchführung erstellen und im Anschluss daran dem Mandanten die Summe der Umsatzsteuerzahlung mitteilen. Der Mandant schilderte dem Steuerberater, wie er dann weiter vorgehen sollte: Sollten die Umsätze zu hoch sein, würde er Arne Meyerling anweisen, welche Umsätze wieder herauszunehmen seien – um diese dann in späteren Monaten zu berücksichtigen, wenn es einmal gerade passt. Arne Meyerling lehnte dankend ab, weil für ihn gleich zwei Schmerzgrenzen überschritten waren. Zum einen hätte er seinem Mandanten bei der Steuerverkürzung, womöglich sogar Steuerhinterziehung geholfen – jemand wollte ihm vorschreiben, wie er seine Arbeit zu machen hatte. Zum anderen wäre sein Honorar regelmäßig zu spät und erst auf mehrfache Anforderung gezahlt worden. Da verzichtete der Steuerberater Meyerling lieber auf das lukrative Mandat und investierte die gewonnene Zeit in die Bindung bestehender Mandate.

Aber daneben gibt es natürlich einen Wunschpreis, den man selbst für angemessen hält. Diese Wunschvorstellung ist kein theoretisches Idealbild, sondern der Ausgangspunkt Ihrer Verhandlungen. Denn Sie brauchen Verhandlungsspielraum und sollten daher in jedem Fall die eigene Preisvorstellung gegenüber dem Kunden höher ansiedeln – anhand des individuellen Honorarrahmens, der Vergütungsempfehlungen Ihrer Branche oder aber auch anhand der Erfahrung von Kollegen. Am besten schreiben Sie sich beide Preise auf einen Zettel, um für das Telefonat gerüstet zu sein. Und mit diesem Wunschpreis gehen Sie dann in die Verhandlungen. Das Gleiche gilt natürlich, wenn Sie Angebote kalkulieren: Planen Sie immer Verhandlungsspielraum ein.

Tipp

Den eigenen Wunschpreis zu nennen, wird für Sie nie von Nachteil sein. Denn von dort aus lässt es sich viel entspannter verhandeln. Und Handeln lohnt sich immer. Denn was kann Ihnen passieren? Schlimmstenfalls setzt sich der Kunde mit seiner eigenen Honorarvorstellung durch. Und im besten Fall wird Ihnen Ihr Wunschpreis gezahlt!

Seien Sie auf Fragen gefasst und wappnen Sie sich gegen Einwände. Am besten funktioniert das, wenn Sie sich selbst trainieren: Überlegen Sie sich einmal unabhängig von einem konkreten Verhandlungsgespräch, welche Atmosphäre Sie im Kundengespräch schaffen möchten. Dann schreiben Sie die Einwände, die Sie befürchten, auf. Machen Sie dabei keine Pause und streichen Sie nichts durch. Alles, was Ihnen durch den Kopf geht, ist erlaubt und wird gebraucht. Wenn Sie meinen, die Liste sei fertig, fangen Sie an, auf jeden dieser

Einwände eine Entgegnung zu formulieren, die der Atmosphäre, die Sie erzielen möchten, entspricht. Diese Übung dient eigentlich nur dazu, Ihre Selbstsicherheit zu stärken. Vergessen Sie dabei nicht, dass Ihr Gesprächspartner in der Realität viel weniger Einwände machen wird, als Sie befürchten.

Die Messlatte für den eigenen Verkaufserfolg ist der Widerstand beim Kunden, der Grat zwischen Nicken und Zucken: Wenn der Auftraggeber bei der vorgeschlagenen Vergütung sofort nickt, ist man zu billig – zuckt er kräftig zusammen, ist man zu teuer. Achten Sie vor allem darauf, wenn Sie mit Ihrem vermeintlichen Wunschpreis ins Angebot gehen und sich viel zu teuer vorkommen: Schlägt der Kunde sofort ein, sind Ihre Honorare immer noch viel zu niedrig. Sollten solche Situationen öfter vorkommen, sollten Sie Ihren Honorarrahmen nach oben korrigieren. Denn dies zeigt Ihnen, dass Sie nach oben noch eine Spanne haben, um Ihr Unternehmen rentabler zu gestalten.

Was aber tun, wenn der Kunde zuckt? Es wird in Honorarverhandlungen immer wieder dazu kommen, dass der Auftraggeber ein wenig zuckt – sprich, dass der verlangte Preis ihm also zu hoch erscheint und er ein Gegenangebot macht. Dann heißt es, die eigene Position zu stärken. Mit anderen Worten: Das niedrigere Honorar soll den Kunden etwas kosten. Das mag sich wie ein Widerspruch anhören. De facto aber ist die niedrigere Vergütung mit einem Preisnachlass identisch, und ein solcher Rabatt sollte nur gegen eine entsprechende Gegenleistung des Kunden gewährt werden, zum Beispiel

- ein größeres Auftragsvolumen,
- Teilleistungen des Kunden,
- mehr Zeit für die Auftragsbearbeitung,
- ein fest vereinbarter Folgeauftrag,
- feste Monats- oder Jahreskontingente,
- die Nutzung der Infrastruktur des Kunden,
- Vorkasse oder Abschlagszahlungen.

Vorlagen und Bausteine für Ihre individuelle Auftragsbestätigung finden Sie auf der CD, die diesem Buch beigelegt ist.

Bei neuen Auftraggebern kann der erste Job mit einem Einstiegspreis versehen werden, Berufsanfänger können in der ersten Zeit bewusst niedrigere Honorare ansetzen und dies auch kommunizieren. Aber Achtung: Solche Sonderpreise sollten Sie unbedingt in Ihrer Auftragsbestätigung festhalten – damit der Preisnachlass nicht zum Regelfall wird.

Tipp

Handeln Sie nicht mit Selbstverständlichem! Die Übernahme von Reisekosten oder die Erstattung von Spesen gehören ebenso zum normalen Geschäftsalltag wie die Bereitstellung von Unterlagen. Überlegen Sie sich vorher genau, womit Sie Ihrem Kunden entgegenkommen könnten – und lassen Sie sich nicht auf »Rabattfallen« ein.

Eines ist ganz wichtig: Winken Sie nie direkt mit dem Nachlass. Seien Sie selbstbewusst genug, um beispielsweise zu sagen: »Sie können es sich ja gern überlegen und sich dann bei mir melden.« Diese Gelassenheit zu erlernen, ist wichtig für erfolgreiche Verhandlungen. Denn Sie werden sehen: Es funktioniert, und zwar immer wieder. Und Sie können sich darauf verlassen: Ihre Kunden werden Ihnen offen sagen, wann sie einen Preis nicht zahlen können oder wollen. Dann müssen Sie sich entscheiden, ob Sie dem Kunden noch weiter entgegenkommen oder den Auftrag gar nicht annehmen.

Denn wer sich mit seiner Leistung und den dafür geforderten Preisen identifiziert, muss das Nein-Sagen lernen. Wer über die Schmerzgrenze hinaus verhandelt, macht sich beim Kunden unglaubwürdig. Wer dagegen ab und zu mal »Nein« sagt, profiliert sich als souveräner Verhandlungspartner – und vermittelt zugleich die Botschaft, dass Qualität eben ihren Preis hat. Zu teuer sind Dienstleistungen eher selten: Tauchen Zweifel am Preis auf, ist meist der Wert oder Nutzen nicht optimal kommuniziert worden. Ist der Kunde überzeugt, für einen hohen Preis eine qualitativ hochwertige Leistung mit viel Service zu bekommen, wird er den Preis zahlen wollen. Und er wird sich bemühen, intern noch zusätzliche finanzielle Mittel für sein Projekt zu bekommen.

4.3 Kann ich das? Einführung ins ›Do it yourself‹ der Buchhaltung

Haben die Preisverhandlungen ein gutes Ende genommen und ist der Auftrag abgewickelt, kommt die Buchhaltung ins Spiel: Rechnungen werden geschrieben, Honorare aufs Konto überwiesen und irgendwann wird die Endabrechnung für die Steuer erledigt. Eine durchaus ungeliebte Tätigkeit für viele Freiberufler, sofern sie sich nicht von Berufs wegen mit den Themen Steuern und Buchführung auseinandersetzen müssen.

Aber es ist wichtig, dass Sie – wenn Sie Steuerlaie sind – die Buchhaltung nicht komplett an den Experten auslagern, sondern zumindest ein Verständnis dafür entwickeln, was hinter den Zahlen steckt. Im besten Fall können Sie die Buchhaltung dann soweit vorbereiten, dass Sie mit Ihrem Steuerberater Hand in Hand arbeiten. Der Vorteil: Sie haben laufend den Überblick über Ihre Zahlen und können diese – gegebenenfalls mithilfe des Fachmanns – interpretieren. Wenn Sie Ihre Einnahmen und Ausgaben selbst verbuchen, entsteht automatisch ein Überblick über die finanzielle Situation Ihres Unternehmens. Sie wissen, ob Sie wirtschaftlich rentabel arbeiten – oder ob Sie nachjustieren müssen. Und mit der Betriebswirtschaftlichen Auswertung (BWA) haben Sie stets vor Augen, wo Sie finanziell stehen und ob Sie Ihre selbst gesteckten Ziele erreicht haben.

Jeder Freiberufler sollte sich also bis zu einem gewissen Grad um seine Buchhaltung kümmern, auch wenn Freiberufler nicht der so genannten Buchführungspflicht unterliegen. Diese gesetzliche Vorschrift verpflichtet Kaufleute unter anderem, ab einer bestimmten Größenordnung zu bilanzieren. Die Buchführungspflicht gilt für Freiberufler nur, wenn ihr Betrieb die Rechtsform einer Kapital- oder Handelsgesellschaft hat, beispielsweise als GmbH. In allen anderen Fällen dürfen Freiberufler selbst entscheiden, auf welche Art und Weise sie ihren Gewinn ermitteln, also ob mit einer Einnahmen-Überschuss-Rechnung oder einer Bilanzierung. Und im Unterschied zu anderen Unternehmern dürfen Freiberufler unabhängig von der Höhe ihres Umsatzes oder

Mehr Informationen zum Thema BWA finden Sie in Kapitel 2 auf S. 32

Mehr Informationen zum Thema Rechtsformen finden Sie in Kapitel 8 ab S. 228

Gewinns sogar immer eine Einnahmen-Überschuss-Rechnung machen; das heißt, sie sind selbst noch jenseits bestimmter Umsatz- und Gewinngrößen nicht zur Bilanz verpflichtet.

Erklärstück: Bilanz

Die Entscheidung für das Bilanzieren kann für Freiberufler gute Gründe haben. Manchmal sind es die Kreditgeber, die mit Blick auf größere Transparenz eine Bilanz verlangen. In jedem Fall sollte dieser Schritt – der übrigens immer nur zu Beginn eines Jahres möglich ist – wohl überlegt sein und keinesfalls ohne die Beratung eines Experten getan werden. Die Bilanzierung verwirklicht das System der »doppelten Buchführung«. Dieser Begriff rührt daher, dass jeder Geschäftsvorfall unter den Aspekten der Herkunft und der Verwendung doppelt – einmal auf der Soll- und einmal auf der Habenseite – zu buchen ist. Jeder Geschäftsvorfall wird also doppelt erfasst:

- Jeder Vorfall wird doppelt gebucht.
- Der Gewinn wird auf doppelte Art und Weise ermittelt, und zwar zum einen in der Bilanz, zum anderen in der Gewinn- und Verlustrechnung (GuV). Beide Seiten sind Teil des Bilanzierungs-Systems (das Wort »Bilanz« wird hierfür umgangssprachlich öfter benutzt).

In der Bilanz werden alle Vermögenswerte und Schulden addiert. Auf der linken Seite – den Aktiva – sieht man, in welchen Werten diese Geldmittel angelegt sind. Rechts bei den Passiva ist zu lesen, was an Eigen- und Fremdkapital zur Verfügung steht. Die rechte Seite einer Bilanz ist also gewissermaßen ein Gegenausdruck der linken Seite, eine andere Betrachtungsweise ein und derselben Sache. Die Gewinn-und Verlust-Rechnung (GuV) zeigt die andere Seite der Medaille. Hier wird genau der gleiche Gewinn wie in der Bilanz dargestellt, nur anders errechnet. Denn in der GuV werden die betrieblichen Aufwendungen den Erträgen gegenübergestellt. Macht die Bilanz die Vermögenslage zum Stichtag transparent, so berichtet die GuV über den Erfolg des Geschäftsjahres und dessen Quellen. In der GuV geht es immer nur um Leistungen, die im Geschäftsjahr erwirtschaftet worden sind, und zwar unabhängig vom Zahlungseingang. Gleiches gilt für die Kosten, die in die Rechnung eingehen. Zur Bilanzierung gehört außerdem noch der Anhang; dort werden viele Zahlen der Bilanz und GuV noch einmal aufgegliedert und erläutert.

Angesichts der Kosten und aufgrund der hohen Komplexität bleiben viele Freiberufler bei der Einnahmen-Überschuss-Rechnung (EÜR). Hier geht es um nicht viel mehr als...

Betriebseinnahmen

minus Betriebsausgaben

= Gewinn (oder Verlust) laut Einnahmen-Überschuss-Rechnung.

Tipp

Im Gegensatz zur Bilanz gilt bei der EÜR folgende Faustregel: Einnahmen werden in dem Jahr berücksichtigt, in dem sie tatsächlich auf dem Konto eingegangen sind. Ausgaben werden in dem Jahr berücksichtigt, in dem sie tatsächlich gezahlt worden sind. Im Fachjargon heißt das Zufluss- und Abflussprinzip.

Die formalen Anforderungen an Einnahmen-Überschuss-Rechner sind nicht sonderlich hoch; sie müssen weder Inventur machen noch auflisten, wer noch etwas zu zahlen hat (Forderungen) oder wem sie selbst etwas schulden (Verbindlichkeiten). Auch Kassenführung ist in aller Regel nicht notwendig.

Tipp

Die tägliche Kassenführung betrifft in aller Regel nur diejenigen, die tatsächlich eine Kasse haben – also zum Beispiel Fotografen mit eigenem Studio, Yoga- und Tanzlehrer oder Therapeuten. Wer Bareinnahmen hat, sollte sich auf jeden Fall bezüglich der Anforderungen an die Kassenführung beraten lassen.

Seit einigen Jahren müssen Sie für die Einnahmen-Überschussrechnung allerdings ein Formularvordruck der Finanzbehörden – die Anlage »EÜR« – verwenden. Sie können also in aller Regel nicht mehr einfach ein Blatt Papier nehmen und hierauf die Ausgaben von den Einnahmen abziehen. Ausnahmen gelten für Unternehmer mit einem Jahresumsatz unterhalb von 17 500 Euro: Sie müssen die Anlage »EÜR« nicht ausfüllen, sondern können weiterhin das Blatt Papier benutzen.

Unabhängig davon, wie Sie Ihren Gewinn ermitteln: Die Grundlagen einer korrekten Buchführung werden mit einem gut strukturierten Ablagesystem gelegt. Wenn Sie sich vornehmen, zum Beispiel einen Tag pro Monat darin zu investieren, wird es Ihnen ein Leichtes sein, sich regelmäßig effizient um Ihre Buchhaltung zu kümmern. Ein weit verbreiteter Irrtum lautet »Ich habe keine Zeit zum Aufräumen.« Sie haben keine Zeit, eine Quittung sofort an ihren eigentlichen Bestimmungsort zu legen – aber die Zeit, diese für die Buchhaltung oder die Steuererklärung zu suchen? Werfen Sie das Argument »keine Zeit« in den Müll. Sie werden auf Dauer durch eine gute Organisation Ihrer Belege und Ihrer Ablage sehr viel Zeit gewinnen.

Damit die Ordner nicht übervoll werden, ist es ratsam, sämtliche Positionen, die für die Steuererklärung relevant sind, nicht in einen einzigen Ordner zu heften, sondern in mehrere. So können Sie zum Beispiel einen Ordner für Belege über Betriebsausgaben anlegen, einen für Kontoauszüge und einen für ausgehende Rechnungen. Eine weitere, etwas einfachere Möglichkeit ist es, alle Belege anhand der Bankkonten zu sortieren und die Barausgaben nach Datum zu ordnen. Unterlagen oder Verträge sollten Sie in einem separaten Ordner aufbewahren. Korrespondenz mit dem Finanzamt oder Steuerberater sowie die verschiedenen Steuerbescheide können Sie entweder zum jeweiligen Jahr oder aber ebenfalls in einem extra Ordner abheften.

Tipp

Trennstreifen helfen Ihnen nicht nur beim Ablegen in Ordner, sondern machen auch das spätere Buchen leichter. So können Sie Ihre Belege zunächst zeitlich ordnen, um sie in die Umsatzsteuer-Voranmeldung einzupflegen. Dabei helfen Ihnen Trennstreifen, auf denen entweder die Monate von Januar bis Dezember stehen oder die vier einzelnen Quartale. Haben Sie Ihre Voranmeldung erledigt, heften Sie die Belege unter die jeweilige Kostenart (zum Beispiel Bürobedarf). So haben Sie alle Quittungen bereits für den Jahresabschluss gut sortiert.

Ob Sie Ihre Buchhaltung auf Papier, mit einer Tabellenkalkulation oder mithilfe einer Steuersoftware machen, hängt vor allem vom Umfang ab. Trotzdem spricht viel dafür, mittelfristig auf eine EDV-Buchführung mit spezieller Software umzustellen. Denn:

- Manuelle Gewinnermittlung ist mühsam.
- Einnahmen und Ausgaben werden übersehen.
- Rechenfehler schleichen sich ein.

Die Software-gestützte Buchführung dagegen bietet zahlreiche Vorteile:

- Sie ist übersichtlicher.
- Bar- und Bankausgaben und -einnahmen können gebucht werden.
- Außerdem bietet sie zusätzliche Funktionen, zum Beispiel automatisch erstellte Umsatzsteuer-Voranmeldungen, Betriebswirtschaftliche Auswertungen, Programme für offene Posten und Anwendungen für die betriebswirtschaftliche Planung.

Erklärstück: Buchen

Im Wort »Buchführung« steckt das Buchen schon mit drin. Und genau darum geht es in einer Steuersoftware: um das Buchen. Das bedeutet schlicht und ergreifend, dass man die Einnahmen und Ausgaben im Betrieb bestimmten Kostenstellen zuordnet. Der Fachausdruck dafür lautet »Konten«. Wichtig ist, dass es bei diesen Konten nicht um das Girokonto bei der Bank geht, sondern um die Kostenstellen für Ihre Buchführung. Die Konten sind die zentrale Datenstruktur Ihrer Buchführung. Hier werden nicht nur die betreffenden Geldbeträge eingegeben, sondern auch zusätzliche Informationen wie das Buchungsdatum, fortlaufende Nummern oder erläuternde Texte zu den jeweiligen Buchungen.

Viele Steuersoftware-Programme wirken auf den Neuling in der EDV-Buchhaltung erst einmal abschreckend: Felder, in denen man »Konten« und »Gegenkonten« eingeben muss oder Soll und Haben. Buchungsläufe, Abrechnungsnummern, Kontenrahmen, Periodenverarbeitung – alles Fachausdrücke, mit denen der buchhalterische Laie nichts anfangen kann. Wenn Sie diese Hemmschwellen überwinden, können Sie, angeleitet vom Experten, jedoch einiges in der Buchhaltung selbst erledigen. Entscheidend ist, dass Sie sich bestimmte Fähigkeiten aneignen. Es ist aber auch nicht verwerflich, wenn Sie diese Aufgabe einem Steuerberater übertragen. Wichtig ist, dass Sie die Prinzipien hinter den Zahlen verstehen. Die nun folgenden Erläuterungen sollen daher keinen Schnellkurs in Buchhaltung darstellen, sondern bei Ihnen Interesse und vor allem Verständnis für die Thematik wecken.

Denn wer seine Bücher selbst führt,

- hat den Überblick über die Geschäftsentwicklung,
- kann Einnahmen und Ausgaben besser planen und
- durch den Vorjahresvergleich den Erfolg des eigenen Unternehmens besser einschätzen.

Zunächst einmal ist es wichtig, sich mit dem Kontenplan, also der Auflistung aller Kostenstellen, die für Ihre Buchhaltung relevant sind, vertraut zu machen. In der Fachsprache heißt das »Kontenrahmen«: Dies ist ein vorgegebenes System von Konten, die nach verschiedenen Einnahmen- und Ausgabenarten vorsortiert sind. Wie bei den Postleitzahlen verweisen die Anfangsnummern der Konten auf einen Bereich, der ähnliche Einnahmen oder Ausgaben beinhaltet. Sie verbuchen also Ihre Einnahmen und Ausgaben auf diese verschiedenen Konten – und das Buchhaltungsprogramm sortiert dadurch automatisch die Zahlungen und ordnet sie den wichtigsten Steuervorgängen zu. Auf diese Weise erhalten Sie zum Beispiel ganz automatisch eine Umsatzsteuer-Voranmeldung, die sich elektronisch ans Finanzamt verschicken lässt – einfach, indem Sie die Einnahmen und Ausgaben des Monats oder Quartals den Konten entsprechend eingeben. Auch die Einnahmen-Überschuss-Rechnung für die Einkommensteuererklärung lässt sich so automatisch erstellen.

Kontenrahmen an sich sind immer recht umfangreich; da aber in jedem Unternehmen spezielle Ausgaben immer wiederkehren, werden Sie gar nicht alle benötigen. In der Tabelle 4.1 auf S. 110 finden Sie eine Auswahl gängiger Konten.

Den aktuellen DATEV-Kontenplan finden Sie auf der beigefügten CD.

Gehen Sie einfach – am besten gemeinsam mit Ihrem Steuerberater – den gesamten Kontenrahmen durch und markieren Sie die Positionen, die öfter vorkommen. Dieses Blatt heften Sie sich dann entweder direkt auf die Buchhaltung – oder aber Sie schreiben die jeweiligen Kontonummern in ein separates Dokument, das Sie sich dann ausdrucken können.

Jeder Geschäftsvorfall, jede Einnahme und jede Ausgabe, lässt sich mit diesen Konten darstellen. Die zwei Grundfragen dabei lauten:
1. Was wurde eingenommen (oder ausgegeben)?
2. Wo ist das Geld zugeflossen (oder abgeflossen)?

Kontenbezeichnung	Konto
Privatentnahme	2100
Privateinlage Konto	2180
Barzahlung/Kasse	1600
Girokonto	1800
Sonderausgaben beschränkt abzugsfähig	2200
Einkommensteuer-Zahlungen	2150
Umsatzerlöse 19 Prozent	4400
Umsatzerlöse 7 Prozent	4300
Umsatzerlöse (ohne USt)	4000
Honorare EU-Ausland	4339
Reisekosten	6670
Telefon	6805
Internetgebühren betrieblich	6810
Fortbildung	6821
Porto	6800
Bürobedarf	6815
Bewirtung	6640
Nebenkosten des Geldverkehrs	6855
Fachliteratur	6820
Beiträge	6420
Werbekosten	6600
Geschenke bis 35,00 EURO	6610
Buchführungskosten	6830
Geringwertige Wirtschafsgüter (GWG) bis 150 EURO	0670
GWG zwischen 150 und 1.000 EURO (Sammelposten/Pool)	0675
Büroeinrichtung etc. (Abschreibung über 1 000 EURO)	0650

Das heißt: Jeder Geschäftsvorfall erhält beim Buchen zwei Konten aus dem Kontenrahmen, um genau dies darzustellen. Das nennt man einen »Buchungssatz«.

Ein Beispiel: Ihr Kunde hat eine Rechnung in Höhe von 357 Euro (inklusive 19 Prozent Mehrwertsteuer) bezahlt und den Betrag auf Ihr Girokonto überwiesen. Der Buchungssatz dazu würde lauten:

---

7 Der Abdruck des DATEV-Kontenrahmens für diesen
   Ratgeber und auf der beigefügten CD-Rom erfolgt mit
   freundlicher Genehmigung der DATEV eG.

4400 / 1800

4400 ist das Konto für Umsatzerlöse zu 19 Prozent Mehrwertsteuer, 1800 ist das gängige Konto für das Hauptgirokonto.

Was aber fängt man nun mit diesem Buchungssatz an? Man gibt ihn in die Software ein: erst den Betrag, in diesem Fall also 357 Euro, dann in die jeweilige Spalte das Konto und das Gegenkonto dazu. Auf diese Weise werden Einnahmen und Ausgaben automatisch zugeordnet und in die Einnahmen-Überschuss-Rechnung und die Umsatzsteuer-Voranmeldung überführt.

Mithilfe dieser Buchungssätze lässt sich Ihre gesamte Buchhaltung darstellen, unabhängig davon, ob Sie etwas bar bezahlt haben (1600) oder von einem weiteren Konto (1810 ff.) Sie können auf diese Weise Ihren Pool für geringwertige Wirtschaftsgüter bilden (0675) oder Abschreibungen für Ihre Büroeinrichtung vornehmen (0650) und damit ganz automatisch das vorgeschriebene Anlagenverzeichnis erstellen.

Übrigens: Je nach Software und Kontenrahmen gibt es Kontenfunktionen, die automatisch die Mehrwertsteuer berechnen. In vielen Programmen ist dies jedoch über eine Schlüsselung geregelt. Das bedeutet, dass Sie bei den Ausgaben dem vierstelligen Konto eine 80 für 7 Prozent Mehrwertsteuer voranstellen müssen und eine 90 für 19 Prozent Mehrwertsteuer. Ein Beispiel: Sie haben für 24,90 Bürobedarf gekauft, der Buchungssatz würde dann lauten 906815 / 1600. Haben Sie am nächsten Kiosk noch Fachmagazine für 7,50 Euro erstanden, würde der Buchungssatz dafür lauten 806820 / 1600. Achtung: Buchen Sie Belege nur dann mit Umsatzsteuer, wenn Sie eine ordnungsgemäße Rechnung über die Ausgabe haben! Haben Sie nur einen Beleg, mit dem Sie keine Vorsteuer geltend machen können, buchen Sie diese Quittung ohne Umsatzsteuerschlüssel.

Erklärstück: Rechnungen

Bei den Vorschriften für Rechnungen unterscheiden die Finanzbehörden in so genannte Kleinbetragsrechnungen und normale Rechnungen. Kleinbetragsrechnungen sind Rechnungen bis zu einer Summe von 150 Euro; die Vorschriften für die Formalia sind hier nicht so streng. Trotzdem müssen folgende Elemente enthalten sein:

- vollständiger Name und Anschrift des leistenden Unternehmers
- Ausstellungsdatum
- Menge und Art der gelieferten Gegenstände oder Leistungen
- Bruttobetrag in einer Summe (Nettobetrag zuzüglich der Umsatzsteuer)
- anzuwendender Umsatzsteuersatz
- Hinweis auf Steuerbefreiung bei steuerfreien Umsätzen

Bei Rechnungen über 150 Euro netto sind die Formalia umfangreicher. Dabei ist die äußere Form frei gestaltbar. Wichtig ist, dass folgende Punkte enthalten sind:
- Adresse des leistenden Unternehmers
- Adresse des Kunden
- Steuernummer des leistenden Unternehmens
- Ausstellungsdatum
- fortlaufende Rechnungsnummer
- Beschreibung der Lieferung oder Leistung
- Zeitpunkt/Zeitraum der Lieferung oder Leistung
- Nettoentgelt
- Umsatzsteuersatz und Umsatzsteuerbetrag (sofern man umsatzsteuerpflichtig ist)

Die fortlaufende Rechnungsnummer ist wichtig, damit nachgewiesen werden kann, dass keine Rechnungsnummer im Unternehmen doppelt vergeben wurde. Denkbar ist hier eine Kombination von Jahreszahl und fortlaufender Rechnungsnummer oder eine Verknüpfung mit Kundennummern oder Kundenabkürzungen. Wer gemäß Umsatzsteuergesetz (UStG) nicht umsatzsteuerpflichtig ist, muss dies in seiner Rechnung mitteilen. Gleiches gilt für umsatzsteuerbefreite Leistungen. Bei Unternehmern, die noch nicht umsatzsteuerpflichtig sind, muss sich ein Hinweis auf die so genannte Kleinunternehmerregelung nach § 19 Abs. 1 UStG in der Rechnung wiederfinden. Wer steuerbefreite Leistungen abrechnet, muss auf die vom Kunden vorgelegte Bescheinigung und die daraus ersichtliche Vorschrift im UStG hinweisen.

Da die meisten Geschäftsvorgänge über Ihr Bankkonto laufen, sollten Sie als Erstes die Kontoauszüge mit den Einnahmen und Ausgaben buchen. Bleiben dann noch Ausgaben übrig, die nicht von Ihrem Konto abgegangen sind, buchen Sie die jeweiligen Quittungen. Ganz wichtig: Keine Buchung ohne Beleg! Nehmen Sie sich nicht zuviel auf einmal vor; denkbar ist es, sich einmal in der Woche eine Stunde an den Computer zu setzen und soviel zu buchen, wie man in dieser Zeit schafft. Mit der Zeit gewinnen Sie an Routine. Auf Dauer kann es ratsam sein, sich einen festen Tag für die Buchhaltung einzurichten und an diesem Tag die komplette Buchhaltung für den gewünschten Zeitraum zu erledigen. Orientieren Sie sich hier der Einfachheit halber an den Fristen, die Sie für Ihre Umsatzsteuer-Voranmeldung einhalten müssen und kalkulieren Sie nicht zu knapp. Denn am Anfang werden Sie noch bei der einen oder anderen Buchung hin- und her überlegen, ob sie so richtig ist. Und bedenken Sie stets: Wenn Sie unsicher werden, fragen Sie eine Steuerberaterin oder einen Steuerberater.

Wenn Sie sich entschließen selbst zu buchen, sollten Sie dies ebenfalls mit Ihrem Steuerberater abstimmen. Und wenn Sie gerade auf der Suche nach einem neuen Berater sind, fragen Sie ihn, wie er zum Thema »Selbstbuchen« steht. Ein guter Steuerberater wird Sie bei der Bewältigung dieser Aufgabe unterstützen und Ihnen sagen, ob bei Ihnen das Auslagern der Buchhaltung sinnvoller ist oder das Selbstbuchen. So können Sie im Gespräch klären, welche Teile der Buchhaltung Sie erledigen und was der Steuerberater übernimmt. Wenn Sie noch unsicher sind, ob Sie selbst buchen sollen, lassen Sie sich von ihm beraten; möglicherweise kann Ihr Steuerberater Sie mit einem Training kontierungsfester machen. Wichtig ist außerdem, dass Sie über die Software sprechen, die Sie möglicherweise einsetzen wollen. Denn es muss gewährleistet sein, dass die Daten, die Sie eingeben, vom Steuerberater nicht nochmals erfasst werden müssen; denn dann wäre die Kostenersparnis für Sie gleich null. Wie Sie den Datentransfer in die Tat umsetzen, ob per E-Mail oder anderweitigem Austausch der Daten, bleibt letztlich Ihnen überlassen.

Es gibt eine Vielzahl von Buchhaltungsprogrammen, sowohl kostenlose als auch kostenpflichtige. Erstes Kriterium: Sie benötigen eine Buchhaltungssoftware, keine, die lediglich die Einkommensteuererklärung erstellt. Ein solches Programm ist eher für Arbeitnehmer gedacht und nur mit kleinen Unterprogrammen zur laufenden Buchhaltung ausgestattet. Die Programme unterscheiden sich vor allem in ihrer Komplexität und Nutzerfreundlichkeit. In den meisten Fällen gibt es kostenlose, zeitlich befristete Test-Varianten, bei denen man ausprobieren kann, ob man mit dieser oder jener Eingabemaske besser zurechtkommt. Eine Übersicht über sämtliche derzeit verfügbaren Steuerprogramme, sowohl Freeware als auch kommerzielle Produkte, finden Sie auf den ELSTER-Seiten der Finanzverwaltung: http://www.elster.de/elster_soft_nw.php5

Tipp

Sprechen Sie mit Ihrem Steuerberater, welches Programm er selbst nutzt und ob Sie dafür eine Unterlizenz für Ihren Arbeitsplatz bekommen können. In aller Regel ist dies wesentlich günstiger als ein eigenes Buchhaltungsprogramm. Und es hat den Vorteil, dass Sie mit dem gleichen System arbeiten wie der Steuerberater und der Datentransfer dadurch enorm erleichtert wird.

Probieren Sie das Programm in der jeweiligen Testphase aus, ob es wirklich zu Ihrem individuellen Buchhaltungssystem passt. Die Schaltflächen und Menüführungen sind in jeder Software anders und gerade für Anfänger empfiehlt es sich, eine Software zu wählen, mit der Sie auf Anhieb klar kommen. Machen Sie sich den Start in die Buchungswelt so einfach wie möglich!

4.4 Mittelfristige Finanz- und Liquiditätsplanung und Kredite

Ein Vorteil der selbstgeführten Buchhaltung liegt darin, dass Sie sich einen guten Überblick darüber verschaffen können, wie Ihre Einnahmen und Ausgaben aussehen. Dies ist nicht nur wichtig für Ihre steuerliche Einnahmen-Überschuss-Rechnung, sondern auch für die Planung Ihrer finanziellen Mittel. Für diese Liquiditätsplanung müssen Sie sämtliche Einnahmen und Ausgaben erfassen, und zwar unabhängig davon, ob sie schon gezahlt wurden oder nicht.

Zu den Einnahmen, die in eine solche Liquiditätsübersicht gehören, zählen neben den Honoraren voraussichtliche Darlehen und Einlagen. Unter den Ausgaben werden die laufenden Kosten aufgeführt, außerdem Kredite, die bedient werden müssen, sowie natürlich die privaten Entnahmen aus dem Unternehmen. Im Unterschied zur so genannten Statischen Liquidität, die in der Betriebswirtschaftlichen Auswertung

> Eine Vorlage zur Liquiditätsübersicht finden Sie auf der beigefügten CD.

festgehalten wird, ist diese Liquiditätsübersicht nicht vergangenheitsorientiert, sondern liefert einen Blick in die Zukunft. Auf diese Weise wird ermittelt, welches Geld wann eingeht und was wann bezahlt werden muss. Deshalb sind Fälligkeitstermine – bei Einnahmen und Ausgaben – ein zentraler Punkt der Liquiditätsplanung.

Werden nun Einnahmen und Ausgaben gegenübergestellt, ergibt sich entweder eine Überdeckung oder eine Unterdeckung. Auf letztere muss der Freiberufler rechtzeitig reagieren – auch, um bei Geldgebern wie der Bank nicht an Glaubwürdigkeit zu verlieren, aber vor allem, um sicherzustellen, dass mittelfristig die Rechnungen bezahlt werden können. Unterdeckungen lassen sich zum Beispiel dadurch ausgleichen, dass bei der Bank kurzfristig um eine höhere Kreditlinie gebeten wird. Dies hat gleich mehrere Vorteile:

- Sie sparen teure Überziehungszinsen.
- Sie können vorausschauend agieren und müssen nicht um Ihre Kreditwürdigkeit fürchten.
- Sie demonstrieren gegenüber der Bank, dass Sie kaufmännisch kompetent sind.

Auf der einen Seite ist es völlig normal, dass Unternehmer ihr Kreditlimit mal mehr und mal weniger in Anspruch nehmen; schließlich macht die Bank damit ihr Geschäft. Auf der anderen Seite gibt es für Banken bestimmte Anhaltspunkte, die Ihre Bonität erschüttern und damit schwer überwindbare Hürden beim nächsten Kreditantrag darstellen könnten:

- Wie häufig wurde das Konto überzogen?
- Wie stark war der Kreditrahmen ausgelastet?
- Wie viele Rücklastschriften gab es?
- Entsprechen die Geldeingänge der Umsatzentwicklung?
- Wurden Rückführungszusagen nicht eingehalten?

Planen Sie also Ihre Geldein- und -ausgänge, sichern Sie sich genug Puffer, sorgen Sie für Liquiditätsreserven.

> **Tipp**
>
> Immer wieder stolpern Freiberufler darüber, dass sie sich nicht genug Geld für die Steuern zurückgelegt oder gar die eingenommene Umsatzsteuer ausgegeben haben. Wenn die jeweiligen Vorauszahlungen fällig werden, gibt es oft ein böses Erwachen. Dies lässt sich recht einfach umgehen, indem Sie zum Beispiel die Umsatzsteuer aus eingenommenen Honoraren direkt auf ein Sonderkonto überweisen. Auch für die Einkommensteuer sollten Sie sich Geld zurücklegen: 10 bis 15 Prozent von jedem Umsatz sind bei weitem nicht so schmerzhaft wie eine Steuervorauszahlung, die aus dem Überziehungskredit bezahlt werden muss.

Wenn sich finanzielle Engpässe abzeichnen, sprechen Sie frühzeitig mit Ihrer Bank. Ihren Dispositions- oder Kontokorrentkredit sollten Sie übrigens nur vorübergehend ausnutzen, zum Beispiel, wenn ein Kunde einen Großauftrag wesentlich später bezahlt als vereinbart. Wollen Sie dagegen investieren und zum Beispiel eine neue Büroausstattung kaufen, sollten Sie mit Ihrer Bank über ein Darlehen sprechen.

Achten Sie darauf, dass Sie Ihre Kosten gut managen und auch dort die Wirtschaftlichkeit im Auge behalten:

- Holen Sie mehrere Angebote ein, wenn Sie Aufträge vergeben (zum Beispiel, um die Geschäftspapiere neu drucken zu lassen).
- Agieren Sie mit kaufmännischer Vorsicht und investieren Sie nur dann, wenn die Ertragslage dies zulässt.
- Verschieben Sie Anschaffungen, die nicht unbedingt notwendig sind, auf einen späteren Zeitpunkt, wenn es derzeit sonst eng werden könnte.
- Nehmen Sie Kredite nicht auf, ohne die finanzielle Situation genau durchdacht zu haben; auch Darlehensraten müssen bezahlt werden.
- Etablieren Sie ein effizientes Mahnwesen.

Gerade den letzten Punkt vernachlässigen viele Freiberufler – und bemerken dabei nicht, dass sie auf diese Weise selbst zum Kreditgeber werden.

4.5 Forderungsmanagement: Vom Umgang mit säumigen Kunden

Die Ware ist geliefert, die Dienstleistung erledigt und die Rechnung schon seit Wochen verschickt. Trotzdem zeigt der Blick auf die Kontoauszüge nur Abbuchungen. Was aber helfen gefüllte Auftragsbücher, wenn kein Geld in die Kasse kommt? Wer nicht durch unbezahlte Rechnungen direkt in die roten Zahlen geraten will, sollte sich frühzeitig über ein Forderungsmanagement Gedanken machen. Das fängt an mit der Auftragsbestätigung, in dem mit dem Kunden nicht nur der Auftrag, sondern auch der vereinbarte Preis und der Liefertermin festgelegt werden. Erst dann sollte mit der Projektarbeit begonnen werden. Vorsorge treffen heißt es vor allem dann, wenn es sich beim Auftraggeber um einen neuen Kunden handelt. Beugen Sie Ärgernissen mit säumigen Schuldnern vertraglich vor – schließlich wissen Sie in der Regel wenig über die wirtschaftliche Bonität eines neuen Kunden. Vor allem bei größeren Auftragsvolumen sollten Sie daher eine Wirtschaftsauskunft – zum Beispiel bei Creditreform oder bei der Schufa – einholen; diese kostet rund 20 Euro.

> **Erklärstück: Wirtschaftsauskunft**
>
> Eine Wirtschaftsauskunft liefert Informationen in Euro und Cent. Wichtige Quellen der Wirtschaftsauskünfte sind öffentliche Verzeichnisse und Datenpools, in die auch persönliche Zahlungserfahrungen der jeweiligen Verbandsmitglieder – etwa des Vereins Creditreform – einfließen. Eine Wirtschaftsauskunft ist in der Regel nach einem standardisierten Schema gegliedert:
> - Bonität (zum Beispiel Bonitätsindex, Zahlungsweise, Krediturteil, Höchstkredit)
> - Struktur (zum Beispiel Branche, Rechtsform, Beteiligte)
> - Finanzen (etwa Kapital, Jahresumsatz, Aktiva/Passiva)

- Sonstiges (Auftragslage, Unternehmensentwicklung, Mitarbeiter, Bankverbindungen)

Darüber hinaus wird aus einer Vielzahl von Daten das Bonitätsrisiko eines Unternehmens ermittelt und mit einer »Gesamtnote« dargestellt.

Manchmal liefert bereits die Homepage des potenziellen Kunden oder eine Suche im Internet erste Anhaltspunkte. Achten Sie darauf, dass das Impressum auf der Homepage korrekt ist und wer als Firmeninhaber genannt wird. Je nach Rechtsform helfen Ihnen das Handelsregister oder der im Geschäftsbericht veröffentlichte Jahresabschluss bei der Suche nach Bonitätspunkten weiter. Kundenreferenzen auf der Internetseite sind ein weiterer Anhaltspunkt.

Ist die Zahlungsfähigkeit nicht gesichert, sollten Sie Vorkasse oder Abschlagszahlungen verlangen. Gerade bei Erstkunden lässt sich dies in aller Regel gut argumentieren. In anderen Branchen – etwa im Handwerk – ist es durchaus üblich, dass der Kunde bei einem Auftrag, der mit erheblichen Vorleistungen für den Auftragnehmer verbunden ist, eine Anzahlung leistet. Also sollten auch Sie als Freiberufler bei großen Aufträgen oder bei Projekten mit langer Laufzeit eine Akontozahlung vereinbaren, zum Beispiel ein Drittel des Honorars. Dieser Vorschuss wird dann später mit der Gesamtsumme verrechnet.

Selbst bei augenscheinlich liquiden Kunden ist es empfehlenswert, bereits in der Auftragsbestätigung ein Zahlungsziel aufzunehmen. Denn das entscheidet später über den Verzug – und damit über Zinsen. Nach dem Gesetz ist ein Schuldner zwar, sofern er ein Unternehmen ist, nach Ablauf von 30 Tagen nach Fälligkeit der Forderung und Erhalt der Rechnung automatisch in Verzug. Aber bei Verbrauchern gilt diese Regel nur, wenn bei Vertragsschluss ausdrücklich darauf hingewiesen wurde. Hier hilft ein Passus in der Rechnung, etwa: »Sie geraten spätestens 30 Tage nach Erhalt dieser Rechnung in Verzug (§ 286 Abs. 3 BGB)«. Dazu kommt, dass kürzere Zahlungsziele als das gesetzliche in jedem Fall bereits bei Vertragsschluss festgehalten werden müssen.

Auf der eigenen Rechnung sollte – obwohl nicht gesetzlich vorge-schrieben – neben der vollständigen Bankverbindung in jedem Fall eine Zahlungsfrist angegeben werden. Steht auf der Rechnung kein Zahlungsziel, gilt die gesetzliche Regelung nach § 286 des Bürgerli-chen Gesetzbuches (BGB): Die Rechnung ist dann zwar sofort fällig, aber der Verzug tritt erst nach 30 Tagen ein, das heißt, ab diesem Zeit-punkt können dann gegebenenfalls Verzugszinsen berechnet werden. Ein kürzeres Zahlungsziel muss nicht nur in der Auftragsbestätigung oder im Vertrag, sondern auch ausdrücklich auf der Rechnung ste-hen, damit nötigenfalls schnell gemahnt werden kann. Die Zahlungs-frist sollte so konkret wie möglich gefasst werden, denn alles andere – zum Beispiel »Zahlbar sofort nach Erhalt« – ist Auslegungssache. Am sichersten ist es, ein Datum zu nennen, zum Beispiel »Zahlbar bis 6. Januar 2012«. Ist die Rechnung überfällig, können dann ab dem 7. Januar 2012 Verzugszinsen berechnet werden.

Tipp

Im Internet gibt es einen Rechner, der sowohl für Verbrau-chergeschäfte als auch für Aufträge zwischen Unternehmen Verzugszinsen berechnet. Auf der Internetseite können Sie sich die Verzugszinsen für Ihren individuellen Fall berechnen: http://basiszinssatz.info/zinsrechner/ Vergessen Sie nicht, das zusätzliche Porto für das Einschreiben mit Rückschein in Rech-nung zu stellen. Dies fällt unter den Posten »Mahngebühren« – ein Punkt, den Sie frei gestalten können. Üblich sind hier zwischen 5 und 15 Euro.

Ist die Zahlungsfrist verstrichen, sind Sie am Zug: Recherchieren Sie mögliche Ursachen:
- Will der Auftraggeber tatsächlich nicht zahlen?
- Liegen Zahlungsprobleme am Chaos in der Buchhaltung?
- Befindet sich der zuständige Ansprechpartner, der die Honorare abzeichnen muss, einfach im Urlaub?
- Bummelt das Sekretariat?
- Gibt es einen besonderen Zahlungsrhythmus?
- Steht der Auftraggeber vor der Zahlungsunfähigkeit?

Klären lassen sich solche Fragen meist durch Telefonate mit Auftraggeber und Buchhaltung. Wichtig: Führen Sie derartige Telefongespräche mit Nachdruck, aber auch mit Feingefühl, um die Kundenbeziehung zu erhalten. Häufig hilft bereits ein höfliches Erinnerungsschreiben.

Doch wenn der Auftraggeber auch nach derartigen sanften Vorklärungen nicht zahlt, muss mit juristischen Mitteln vorgegangen werden. Das heißt nun, eine Mahnung mit Verzugszinsen und neuem Zahlungsziel zu schreiben. Der Verzug beginnt je nach vertraglich festgelegtem Zahlungsziel, spätestens aber automatisch 30 Tage nach Fälligkeit und Rechnungstellung. Der gesetzliche Verzugszinssatz liegt derzeit bei 8 Prozentpunkten über dem Basiszinssatz der Deutschen Bundesbank. Der aktuelle Zinssatz kann im Internet abgefragt werden unter www.bundesbank.de.

> Die Vorlage »Zahlungserinnerung« finden Sie auf der beigefügten CD.

Sie können natürlich direkt einen Anwalt einschalten. Der beantragt dann bei Gericht einen Mahnbescheid. Legt der Schuldner gegen den Mahnbescheid keinen Widerspruch und gegen den sich anschließenden Vollstreckungsbescheid keinen Einspruch ein, kann der Gerichtsvollzieher beauftragt werden. Oder aber das Vollstreckungsgericht pfändet die Konten des Schuldners. Unabhängig davon, ob ein Anwalt oder ein Inkassounternehmen mit dem Eintreiben der Forderungen beauftragt wird: Die Kosten dafür muss der Schuldner bezahlen – plus Verzugszinsen: Denn dem Gläubiger stehen 8 Prozentpunkte über dem jeweiligen Basiszinssatz der Deutschen Bundesbank zu; bei Verbrauchergeschäften können 5 Prozent über dem jeweiligen Basiszins als Verzugszins verlangt werden. Übrigens: Durch die EG-Vollstreckungstitel-Verordnung können Sie sich Versäumnisurteile als Europäische Vollstreckungstitel bestätigen lassen und somit auch in Spanien oder Österreich säumige Kunden zum Bezahlen bewegen.

> Die Vorlage »Mahnung« finden Sie auf der beigefügten CD.

Checkliste: Fünf Tipps für den Umgang mit säumigen Kunden

1. Besser vorbeugen als nachfordern
   Gerade bei neuen Kunden ist es ratsam, sich über die Zahlungsfähigkeit des Auftraggebers zu informieren. Erste Anhaltspunkte geben die Internetseite und die Rechtsform des Unternehmens. Bei größerem Auftragsvolumen sollten Sie möglicherweise eine Wirtschaftsauskunft einholen.
2. Nicht alles auf einmal weggeben
   Viele liefern umfangreiche Dienstleistungen, ohne einen Cent gesehen zu haben. Was im Handwerk oder im Einzelhandel längst üblich ist, sollte auch für Freiberufler gelten: Bei großen Projekten sichern Vorauskasse und Abschlagszahlungen zumindest einen Teil der Rechnungssumme.
3. Klare Zahlungsziele setzen
   Wer auf Nummer sicher gehen will, setzt das Zahlungsziel bereits in der Auftragsbestätigung fest. Und beim Schreiben der Rechnung sollte darauf geachtet werden, ein exaktes Fälligkeitsdatum einzusetzen. »Sofort zahlbar ohne Abzug« oder »Zahlbar binnen 14 Tagen« sind zu schwammige Fristen, um später den genauen Verzug berechnen zu können.
4. Selbstdisziplin in der Buchhaltung
   Ist der Auftrag erledigt und die Leistung erbracht, ist es Zeit, eine Rechnung zu schreiben. Wer erst spät eine Rechnung stellt, gibt sich selbst den Anschein, sein Geschäft nachlässig zu führen. Gleiches gilt für das Nachhalten der Zahlungseingänge: Es sollte konsequent geprüft werden, ob die fälligen Rechnungen auf dem Konto eingegangen sind. Wenn nicht, heißt es handeln – mit einem freundlich formulierten Erinnerungsschreiben.
5. Schnelles Vorgehen erlaubt
   Entgegen landläufiger Meinung ist es nicht mehr notwendig, dreimal zu mahnen. Spätestens 30 Tage nach Erhalt der Rechnung ist der Schuldner in Verzug und ab dann kann sofort das gerichtliche Mahnverfahren eingeleitet werden.

Die Expertenmeinung – Constanze Hacke im Gespräch mit ...

... Susanne Günter, Steuerberaterin in eigener Kanzlei, Köln

Constanze Hacke: Viele Freiberufler fühlen sich grundsätzlich mit Zahlenwerk überfordert. Wie wichtig ist es, die Buchhaltung zur Chefsache zu erklären?

Susanne Günter: Die Buchhaltung selbst muss oder sollte in manchen Fällen gar nicht zur Chefsache erklärt werden. Der Unternehmer bzw. die Unternehmerin sollte aber in jedem Fall sicherstellen, dass sie von einer fachlich qualifizierten Person erstellt wird. Das Ergebnis der Buchhaltung im Auge zu behalten, ist dann allerdings wieder Chefsache. Das bedeutet, es muss Chefsache sein, den Überblick über die aktuelle wirtschaftliche und steuerliche Situation zu behalten. Chef-Finger weg von der Buchhaltung, wenn fundierte Buchhaltungskenntnisse nicht vorhanden sind! Entgangene Steuerersparnisse, aufwendiges Nacharbeiten der Zahlen oder die Begleitung einer unerfreulichen Betriebsprüfung kosten vielleicht mehr als eine regelmäßig ordentlich erstellte Buchhaltung.

Constanze Hacke: Wann lohnt es sich denn, sich Buchhaltungskenntnisse selbst anzueignen?

Susanne Günter: Es ist sicher nicht verkehrt, sich in die Materie einzuarbeiten. Aber man muss wissen, wo die eigenen Schwächen liegen – und man muss wissen, wann und was man fragen muss, um es richtig zu machen. Mein Rat wäre: Besser zu viel fragen als zu wenig. Und wenn es nur darum geht, Kosten zu sparen, sollte man sich davon lösen, es unbedingt selbst machen zu wollen. Denn die Buchführungshonorare bei Steuerberatern oder auch selbstständigen Buchhaltern sind nicht so hoch. Und wenn ich beispielsweise Fälle von Selbstbuchern übernehme, die sich nicht auskennen, und ich dann die Fehler beheben muss, fällt meine Rechnung genauso hoch aus als wenn sie mich von vornherein damit beauftragt hätten.

Mein Tipp: Wem es liegt und wem es Spaß macht, der sollte sich auf jeden Fall Buchhaltungskenntnisse aneignen, das schadet ja nicht. Wenn aber jemand dafür überhaupt nicht geeignet ist und nur wissen muss, wo er mit seinem Unternehmen steht, reicht meiner Meinung auch die Einführungsberatung beim Steuerberater. Das biete ich meinen Mandanten auch an: Ich setze mich mit ihnen hin und erkläre ihnen einfach einmal diese Betriebswirtschaftliche Auswertung, wie sie aufgebaut ist, wo die Erlöse stehen, was in den Kosten enthalten ist oder wie sich die Entwicklung im Vorjahresvergleich darstellt. Und ich denke, das reicht eigentlich schon aus.

Constanze Hacke: Controlling verbindet man vor allem mit großen Unternehmen und Konzernen. Brauchen Freiberufler überhaupt so etwas wie Controlling?

Susanne Günter: Die Frage ist ja, wie definiert man Controlling? Wenn es um die Überwachung der Wirtschaftlichkeit geht, brauchen selbstverständlich auch Freiberufler ein Controlling. Es muss ja nicht gerade eine Kostenrechnung erstellt werden, aber die Kosten zu durchleuchten und zu überlegen, wie bestimmte Abläufe besser organisiert werden können, wäre für eine Vielzahl von Freiberuflern sehr zu empfehlen.

Constanze Hacke: Wie können Freiberufler, deren Einnahmen und wirtschaftliche Situation durchaus schwankend ist, überhaupt vorausschauend planen?

Susanne Günter: Das ist der schwierigste Faktor. Nehmen wir als Beispiel einen Architekten: Er hat in einem Jahr ein großes Projekt, mit dem er 90 Prozent seiner Einnahmen bestreitet. Er weiß aber gar nicht, was im darauf folgenden Jahr passiert. Hier und da hat er akquiriert, hat vielleicht einige Kontakte, aber er weiß nicht, was daraus wird. Im Grunde lässt sich das nicht wirklich planen. Aber man kann dem natürlich mit einer konsequenten Akquisestrategie begegnen – und sich darum bemühen, dass bestehende Kunden auch Kunden bleiben, also in Kundenbindung investieren. Eine weitere Möglichkeit wäre, auf andere Bereiche auszuweichen; der Architekt könnte zum Beispiel über die Architektenkammer Kurse oder Schulungen anbieten. Allerdings muss man beim Aufbau eines zweiten Standbeins immer darauf achten, dass man sich nicht verzettelt. Sowohl Akquise als auch Neuorientierung muss sich mittelfristig auszahlen.

Constanze Hacke: Gewähren Sie uns doch einmal einen Einblick in Ihre praktische Arbeit: Wenn Sie Freiberufler betriebswirtschaftlich beraten, wie geht das dann vonstatten?

Susanne Günter: Wenn ein Freiberufler betriebswirtschaftlich beraten werden möchte, dann ist er ja mit seiner Situation nicht zufrieden. Entweder ist der Gewinn zu mager oder der Gewinn ist in Ordnung, aber noch steigerungsfähig. Die Zahlen der vergangenen Jahre und des aktuellen Zeitraums liegen mir in der Regel vor. In einem gemeinsamen Termin analysieren wir zunächst die Ist-Situation: Wir vergleichen mehrere Jahre miteinander und stellen dann Abweichungen fest, das betrifft die Einnahmen- und Ausgabenseite. Dann versuchen wir, eine Erklärung hierfür zu finden: Die Einnahmen sind gesunken, weil ein Auftraggeber weggefallen ist. Die Werbekosten sind gestiegen, weil die Homepage aktualisiert werden musste, ein Flyer gedruckt wurde etc.

Im nächsten Schritt überlegen wir, welche Positionen wir verändern möchten oder müssen. Wenn zum Beispiel kurzfristig ein Anstieg der Einnahmen nicht zu erreichen ist, müssen wir uns um die Kosten kümmern und überlegen, wie diese gesenkt werden können: Gibt es Arbeiten, die man nicht extern vergeben muss, sondern noch selbst erledigen kann – weil ja durch weniger Arbeit auch wieder etwas mehr Zeit vorhanden ist? Ist mein Telefonanbieter der richtige? Lagert bei mir jede Menge Büromaterial, weil ich immer fleißig nachbestelle, aber das vorhandene noch lange Zeit ausreichen würde?

Constanze Hacke: Was ist Ihrer Meinung nach wichtiger, wenn die Dinge wirtschaftlich aus dem Ruder laufen: die Umsätze zu steigern oder die Kosten zu senken?

Susanne Günter: Das ist für jeden Mandanten individuell zu beantworten. Oftmals besteht nicht die Möglichkeit, kurzfristig Umsätze zu steigern. Hier könnte man überlegen, ob die Kalkulation vernünftig ist und ob man an den Honorarvereinbarungen noch etwas ändern kann.

Meine Erfahrung ist, dass man auf der Kostenseite immer sehr schnell fündig wird und hier kurzfristige Maßnahmen ergreifen kann, um diese zu reduzieren. Über Umsatzsteigerung sollte man anschließend nachdenken, da sich hier die Erfolge in der Regel erst mittel- oder langfristig einstellen.

Constanze Hacke: Als Steuerberaterin sind Sie selbst auch Freiberuflerin: Verraten Sie uns, wie Sie Ihr individuelles Controlling handhaben?

Susanne Günter: Mein Controlling fängt bei der Buchhaltung an. Diese erstelle ich gar nicht selbst, damit noch ein zweites Paar Augen auf mein Belegwesen gerichtet ist. Stichwort Betriebsblindheit. Umsätze und Kosten habe ich immer ungefähr im Blick. In meinem Fall ist es zum Beispiel wichtig, dass das Mahnwesen gut funktioniert, da ich leider mit recht hohen Außenständen zu kämpfen habe. Einmal jährlich überprüfe ich meine Kalkulation, manchmal ist es leider erforderlich, Honorare zu erhöhen, da ich sonst nicht einmal mehr kostendeckend arbeite. Auf der Kostenseite gibt es in meinem Fall nicht sehr viel zu tun. Ich habe eine recht klare Kostenstruktur und große Abweichungen lassen sich immer leicht erklären.

5
Alles auf Anfang

Die möglichen Ursachen für das unbestimmt ungute Gefühl sind nun ge-
funden; einige Kunden passen nicht mehr zum eigenen Anspruch oder
bringen nicht die nötigen Einkünfte. Deswegen müssen Sie sich aber noch
lange nicht mit dem Status quo abfinden. Manchmal hilft es, sich von
unrentablen Geschäftsfeldern oder einzelnen Kunden zu trennen, sich am
Markt neu zu positionieren, den Bauchladen zu verkleinern, sich zu spe-
zialisieren – oder aber neue Vermarktungswege zu suchen.

5.1   Positionierung verändern

Wer längere Zeit freiberuflich arbeitet, gerät irgendwann in einen
Trott. Die Alltagsroutine beherrscht das Geschäft; ist der eine Auftrag
erledigt, steht schon die nächste Arbeit an. Kaum genug Zeit dafür
darüber nachzudenken, ob die eigene Positionierung am Markt noch
stimmig ist. Deswegen sollten Sie ab und zu einen Schnitt machen,
um sich selbst und die eigene Dienstleistung zu überprüfen. Nehmen
Sie sich dazu einen Strategie-Tag – eine Auszeit vom Alltag.

Am besten ist es, wenn Sie dabei vorgehen wie bei einem Trichter.
Fangen Sie mit ganz allgemeinen Fragen an – das erleichtert Ihnen
das Brainstorming mit sich selbst. Als Anregungen hierfür können
folgende Fragen dienen:

- Was tue ich gern?
- Was kann ich gut?
- Wo will ich arbeiten?
  (zuhause, außer Haus, in Bürogemeinschaft etc.)
- Wo will ich regional arbeiten?
- Will ich inhouse arbeiten oder auch beim Kunden und unterwegs?

Selbstständig und dann? Constanze Hacke
Copyright ©2012 WILEY-VCH GmbH & Co. KGaA, Weinheim

- Wie viel will ich arbeiten?
- Was ist mir besonders wichtig?

Dieses Gerüst liefert Ihnen einen Einstieg in den Trichter, eine erste Orientierung, wohin Ihre Positionierung künftig gehen könnte. Aber dies ist nur der erste, ganz allgemeine und grob gefasste Rahmen. Nun müssen Sie konkreter werden. Dabei hilft ein Jahresrückblick. Nehmen Sie sich also – am besten regelmäßig zum Jahreswechsel – ganz bewusst etwas Zeit, Bilanz zu ziehen, Stärken und Schwächen aufzudecken sowie Erfolge und Misserfolge Revue passieren zu lassen.

Tipp

Wenn es Sie in den Fingern juckt und Sie mehr über Ihre Positionierung erfahren wollen, können Sie auch während des Jahres Bilanz ziehen. Geeignet sind dafür abgeschlossene Zeiträume, zum Beispiel das erste Halbjahr oder ein längerer Zeitraum mit Projekten, die Sie jetzt fertig gestellt haben. Nutzen Sie zum Jahreswechsel trotzdem die Gelegenheit, ein weiteres Mal Bilanz zu ziehen. So gewinnen Sie Erkenntnisse darüber, ob Sie schon erste Ziele umsetzen konnten.

Schreiben Sie Ihre Jahresbilanz auf, damit Sie ein Jahr später Ihre Pläne und die Realität miteinander vergleichen können. Denn die Bilanz dient vor allem dazu, daraus Anstöße und Ideen für Veränderungen ableiten zu können. Um Ihnen die Bilanz zu erleichtern, können Sie sich an folgenden Fragestellungen orientieren:
- Welche großen beruflichen Erfolge konnten Sie im vergangenen Jahr verzeichnen?
- Worauf führen Sie diese zurück?
- Was schließen Sie daraus für das nächste Jahr?
- Welche beruflichen Misserfolge mussten Sie im vergangenen Jahr verbuchen?
- Worauf führen Sie diese zurück?
- Was folgt daraus für das nächste Jahr?

Wenn Sie im Vorjahr bereits eine Bilanz gezogen haben, können Sie sich die Frage stellen, ob Sie einen gefassten Vorsatz oder Plan nicht angefangen oder zu Ende geführt haben. Auch hier sollten Sie überlegen, warum das so war – und was Sie daraus für das kommende Jahr ableiten sollten.

Im Anschluss daran schauen Sie sich Ihren Rückblick an und formulieren Sie daraus prägnante Ziele für das kommende Jahr.

Tipp

Eine solche Jahresbilanz muss sich nicht auf das Berufliche beschränken. Sie können bei allen Fragen auch private Aspekte behandeln, wenn Ihnen dies notwendig erscheint. Gerade bei der Formulierung der Ziele für das kommende Jahr kann dies zu mehr Work-Life-Balance beitragen.

Aus einer solchen Jahresbilanz können Sie schon vieles ablesen, selbst dann, wenn Sie sie zum ersten Mal erstellen. Zum einen hilft es Ihnen, sich gewisse berufliche Projekte und Abläufe wieder ins Gedächtnis zu rufen, deren Details Sie vielleicht schon längst vergessen oder verdrängt hatten. Das gilt sowohl im positiven wie im negativen Sinne. Vielleicht hat Ihnen die Arbeit für einen bestimmten Kunden besonders viel Spaß gemacht, weil das Projekt rund gelaufen ist, es eine detaillierte Feinabstimmung gab und Sie gut mit den Ansprechpartnern beim Auftraggeber zusammenarbeiten konnten. Dies wären Hinweise darauf, wie Sie künftig mit anderen Kunden die Zusammenarbeit gestalten könnten. Vielleicht fühlten Sie sich aber auch inhaltlich von einem Projekt besonders gefordert und angesprochen, von dem Sie es zuvor gar nicht erwartet hatten. Oder der Auftrag eines Bestandskunden lief überhaupt nicht gut, weil Sie mit der Thematik oder mit dem Selbstverständnis des Auftraggebers nicht einverstanden waren. Dies ist möglicherweise ein Anzeichen dafür, dass Sie an Ihrer Positionierung feilen sollten.

Auf der anderen Seite erkennen Sie durch die schriftliche Analyse Ihrer zurückliegenden Projekte Dinge, die Sie während Ihrer Arbeit so nicht betrachtet haben. Sie nehmen gewissermaßen die Vogelperspektive ein, um strategische Konsequenzen aus den Erfahrungen Ihrer alltäglichen Arbeit zu ziehen. Formulieren Sie daraus Unternehmensziele für das nächste Jahr.

Möglicherweise ergibt sich aus Ihrer Jahresbilanz, dass Sie keine klare Positionierung am Markt besitzen. Vielleicht stellen Sie fest, dass Ihre bisherige Positionierung Ihnen zu schaffen macht – aus Gründen des Preisdrucks, zu großer Konkurrenz oder weil es vielleicht einfach keinen Spaß mehr macht. Wenn Sie sich noch nicht so ganz sicher sind, wie es um Ihre Positionierung bestellt ist, hilft Ihnen der folgende Test. Je mehr Fragen Sie mit »Ja« beantworten können, desto besser haben Sie Ihr Unternehmen positioniert. Wenn Sie oft mit »Nein« antworten mussten, sollten Sie über Ihre Positionierung nachdenken.

Mehr Informationen zum Thema Unternehmensanalyse finden Sie in Kapitel 3 ab S. 58

Test: Haben Sie sich gut auf Ihrem Markt positioniert? [8]

Ein paar Fragen, die Sie sich selbst stellen und spontan beantworten sollten:
- Kennen Sie Ihren Gesamtmarkt, also alle Menschen und Unternehmen, die von Ihren Leistungen profitieren können?
- Haben Sie sich bewusst für ein bestimmtes Marktsegment entschieden?

8 Yacobi, Ann: *Marktorientierung für Freiberufler und Selbstständige. Positionieren Sie sich gezielt!*, akademie.de 2010.

- Können Sie in drei Sätzen erklären, was genau Sie für wen tun und welchen Nutzen Ihre Kunden davon haben?
- Lehnen Sie Aufträge ab, die nicht zu Ihnen passen?
- Kommen Kunden aus Ihrem Zielmarkt von allein oder auf Empfehlung zu Ihnen?
- Haben Sie nur wenige Mitbewerber, weil Ihr Angebot ziemlich einmalig ist?

Bevor Sie Ihre Positionierung schärfen oder verändern, denken Sie erneut über Ihr Alleinstellungsmerkmal nach. Warum kommen Ihre Kunden zu Ihnen? Stimmt Ihr definiertes Alleinstellungsmerkmal noch mit Ihrer Unternehmensrealität überein? Oder haben sich Ihre Schwerpunkte verschoben? Haben sich Ihre Kunden verändert? Anhand folgender Fragen können Sie feststellen, wo Sie gegenwärtig stehen und wohin Sie Ihre Positionierung und damit Ihre Geschäftsfelder weiterentwickeln können.

Mehr Informationen zum Thema Alleinstellungsmerkmal finden Sie in Kapitel 3 auf S. 61

Test: Wohin können Sie Ihre Positionierung weiterentwickeln? [9]

- Was bieten Sie an?
  Falls Sie verschiedene Dienstleistungen anbieten, ordnen Sie sie nach Wichtigkeit. Kriterien können Bekanntheit, Umsatz, Wachstumschancen oder persönliche Freude bei der Auftragsabwicklung sein.
- Wie hat sich Ihr Spektrum im Lauf der Zeit verschoben und warum?
- Was ist Ihr Gesamtmarkt?
- In welche Marktsegmente oder Zielgruppen lässt sich Ihr Gesamtmarkt unterteilen? (zum Beispiel nach regionalen oder demografischen Kriterien oder nach bestimmten Problemen, die Menschen oder Unternehmen haben.)

9 Yacobi, Ann: *Marktorientierung für Freiberufler und Selbstständige: Positionieren Sie sich gezielt!*, akademie.de 2010.

- Welche Zielgruppen dieses Gesamtmarktes versprechen den größten Erfolg?
- Wer sind Ihre Kunden? Welchen Nutzen stiften Sie mit Ihrem Angebot?
- Für wen möchten Sie gern arbeiten?
- Worauf sind Sie besonders stolz?
- Was macht Ihnen am meisten Spaß?
- Was möchten Sie erreichen?

Aus den Antworten auf diese Fragen ergibt sich möglicherweise ein ganz neues Bild Ihres Unternehmens. Es sind Anhaltspunkte für Positionierungsmerkmale, die Ihnen helfen, Ihren neuen Standort am Markt zu finden. Mögliche Positionierungsmerkmale sind neben Ihrer Ausbildung, der Erfahrung und Ihrem Kontakt- und Beziehungsnetzwerk auch andere Punkte – etwa eine besondere Zielgruppe, eine eigene Geschichte oder eine Auszeichnung der eigenen Arbeit (Preis in einem Wettbewerb, Gütesiegel etc.). Wenn Sie diese Merkmale für sich aus dem Trichter herausgefiltert haben, haben Sie schon ein gutes Stück auf dem Weg zu Ihrer neuen Nische zurückgelegt.

5.2 Nischen aufstöbern

Die Märkte, auf denen Freiberufler arbeiten, zeichnen sich vor allem durch eines aus: durch ein Überangebot von Dienstleistern. Das Bauchladenprinzip taugt – bis auf wenige Ausnahmen – daher kaum dazu, langfristig erfolgreich im Geschäft zu sein. Kaum jemand kann alles überall gleichermaßen gut. Die Konzentration auf eine Nische ist daher nicht nur hilfreich, sondern ein Garant für den langfristigen Erfolg. Umgekehrt verschaffen Sie sich unnötig viel Konkurrenz, wenn Sie sich den Bauchladen umhängen. Und Sie erscheinen unter Umständen als unglaubwürdig und möglicherweise sogar unprofessionell, wenn Sie als Problemlöser für alle Fälle auftreten. Und selbst wenn es verlockend erscheint, möglichst viele Aufträge aus allen Bereichen abzugreifen, um Umsatz zu machen: Für eine klare Positionierung am Markt müssen Sie sich trauen, »Nein« zu sagen.

Beispiel aus der Praxis

Aus dem Blog von Rechtsanwältin Simone Weber, München:[10]
Ich habe das Schreiben eines Kollegen auf dem Tisch, der ganz offensichtlich auf diesem Rechtsgebiet üblicherweise nicht tätig ist. Das Schreiben strotzt von Aussagen, die leider durch Rechtsprechung bei Weitem überholt sind. Damit wird noch nicht mal mehr ein Blumentopf gewonnen. Der Mandant des Kollegen tut mir fast schon leid oder handelt es sich hier um einen Spezel, für den man mal kurz ein Schreiben formuliert hat, auch wenn man davon keine Ahnung hat? Wie auch immer, ich empfinde das als respekt- und verantwortungslos gegenüber dem eigenen Mandanten.

Ist es ein Zeichen von Schwäche, zuzugeben, auf einem Rechtsgebiet nicht tätig werden zu können und ein Mandat abzulehnen? Nein! Es ist ein Zeichen von Respekt und Verantwortung, gegenüber dem Mandanten eindeutig klar zu stellen, dass man in bestimmten Rechtsgebieten nicht tätig ist und den Mandanten bei diesem Problem lieber an einen Kollegen zu verweisen, der sich damit auskennt.

Nie käme ich auf die Idee, eine Scheidung zu bearbeiten, eine Strafverteidigung zu übernehmen oder steuerrechtliche Beratung durchzuführen. Ehrliche Geradlinigkeit zu sagen: Das kann ich nicht und deshalb mache ich es nicht.

Ich schäme mich nicht, das zu sagen, denn es ist schlichtweg wahr und impliziert, dass ich die Rechtsgebiete, in denen ich arbeite, auch kann. Da bin ich mir sicher, dass ich den Mandanten bestmöglich vertrete, muss mich nicht erst stundenlang einlesen, um dann gegenüber einem Kollegen, der sich in dem Gebiet gut auskennt, trotzdem noch unterlegen zu sein. Es würde mir gar noch schlaflose Nächte bereiten, denn es könnte dabei auch ein Fehler unterlaufen. Da schlafe ich doch lieber ruhig.

---

10 Weber, Simone: *Ja, auch ein Anwalt kann nicht alles,*
www.rechtsanwalt-muenchen.net 2011.

> Meine Mandanten wissen, dass ich ihnen lieber einen guten Kollegen empfehle, als in ihren Sachen herumzupfuschen und deshalb fragen sie in der Regel, ob ich ihnen für ihr Problem einen solchen empfehlen kann. Das freut mich, denn es zeigt, dass Verantwortungsgefühl sehr wohl belohnt wird, mit Vertrauen. Und das uneingeschränkte Vertrauen von Mandanten zu genießen, das sollte Ziel eines jeden Anwalts sein.

Nische bedeutet Spezialisierung. Das heißt aber nicht unbedingt, dass Sie ausschließlich ein bestimmtes Thema oder Spezialgebiet bearbeiten sollen. Sie müssen Ihre eigene Dienstleistung soweit einengen, dass eine bestimmte Nische übrig bleibt. Und diese kann sich durch eine veränderte Positionierung mit der Zeit ebenfalls verändern. Wichtig ist, dass Sie Ihre Positionierung nicht beliebig verändern und nicht ständig versuchen, neue Nischen aufzusuchen. Denn durch solche Richtungswechsel machen Sie sich beim Kunden unglaubwürdig. Wenn Sie sich entschließen, Ihre Position am Markt verändern zu müssen, sollte das Fundament dafür gut gelegt sein.

Klären Sie als erstes, ob Ihre Kernkompetenzen nach wie vor die gleichen sind, die Ihr Alleinstellungsmerkmal ausmachen. Konzentrieren Sie sich also auf Ihre Stärken. Gibt es etwas, wofür Sie in der jüngsten Vergangenheit von Ihren Kunden besonders gelobt worden sind? Haben Sie neue Kompetenzen erworben, in denen Sie sich nun besonders zuhause fühlen? Oder haben Sie bestehende Stärken weiterentwickelt?

Versuchen Sie damit auch Ihr Geschäftsfeld einzugrenzen. Ausgehend von Ihren Kernkompetenzen sollten Sie ermitteln, welche Aufgaben hier am naheliegendsten sind. Welche Zielgruppe müssen Sie ansprechen, auf welche Kunden sich konzentrieren? Wo haben Sie vielleicht auch einen Vorsprung gegenüber der Konkurrenz?

Mehr Informationen zum Thema Expertenstatus finden Sie in Kapitel 6 ab S. 164

Ein weiterer Punkt, der wichtig für Ihre Nische ist, ist die Zielgruppe, die Sie ansprechen. Werden Sie hier so konkret wie möglich, denken Sie auch daran, dass Sie als Experte für etwas Bestimmtes wahrgenommen werden sollten. Denn auf diese Weise machen Sie klar, dass Sie die Probleme Ihrer Kunden nicht nur verstehen, sondern auch wissen, wie sie zu lösen sind. Richten Sie Ihr Angebot maßgeschneidert an Ihrer Zielgruppe aus.

Das Bauchladen-Prinzip[11]

Als fliegende Händler dürften sich Steuerberater wohl kaum betrachten. Trotzdem sind viele Kanzleiinhaber mit dem Bauchladen unterwegs, wenn sie um Mandate werben. Steuerberater tun sich schwer damit, sich auf bestimmte Zielgruppen zu konzentrieren. Eine Spezialisierung auf bestimmte Dienstleistungen oder Branchen sorgt jedoch für ein schärferes Profil unter der wachsenden Konkurrenz.

Wirft man einen Blick auf die verschiedenen Internetauftritte von Steuerkanzleien, so kann man nachvollziehen, dass es Mandanten schwer fällt, zwischen den zahlreichen Beratern den Richtigen auszusuchen. Das liegt vor allem daran, dass die Berater sich zumindest nach außen so wenig voneinander unterscheiden. Da werden lange Branchenkataloge aufgeführt, die üblichen Steuerberaterleistungen in langen Listen aufgezählt und endlos Mandanteninformationen und Newsletter archiviert. Warum der einzelne Mandant sich genau für diesen Steuerberater entscheiden sollte, wird jedoch nicht klar.

Vor allem kleinere und Einzelkanzleien glauben daran, dass es sich mit einem Bauchladen profitabel arbeiten lässt. Das breite Angebot soll helfen, für möglichst viele Mandanten in Frage zu kommen. Ob das wirklich die geeignete Strategie ist, im hart umkämpften Wettbewerb der Kanzleien langfristig agieren und vielleicht auch wachsen zu können, ist aber fraglich. Daraus folgt, dass sich der Steuerberater in die Rolle seiner Mandanten versetzen und eine Antwort auf folgende Fragen finden muss:
- Warum soll ich die Leistungen dieses Steuerberaters in Anspruch nehmen?
- Welchen besonderen Nutzen haben diese Leistungen für mich?

---

11 Hacke, Constanze: *Das Bauchladen-Prinzip? Zielgruppenorientierung für Steuerberater*, www.stb-web.de 2010.

- Was ist anders oder besser als bei anderen Steuerberatern?
- Wer ist dieser Steuerberater?

Wer Mandanten haben will, muss in die Köpfe der Zielgruppe gelangen – und dort bleiben. Wer die Zielgruppe aber ist, muss festgelegt werden. Hier helfen das eigene Fachwissen und die individuellen Interessen. Wer bei neuen Mandaten berufsspezifische Fragestellungen von sich aus anspricht, macht einen guten Eindruck beim künftigen Kunden. Und gute Branchenkenntnisse fordern immer mehr Mandanten ein. Ob die Kundschaft zufrieden ist, wissen viele Steuerberater jedoch gar nicht. Die Möglichkeit gezielter, professioneller Mandantenbefragungen nutzen in der Tat nur acht Prozent der Kanzleien. Die Folge: Mögliche Spezialisierungen werden von außen gar nicht in dem Maße wahrgenommen, wie es sein könnte, potenzielle Mandate gehen gar nicht erst ins Netz. Die Zielgruppenorientierung ist daher nur der erste Schritt. Ob die Zielgruppe sich gut bedient und angesprochen fühlt und den Experten als solchen wahrnimmt, muss der nächste Schritt sein.

Es ist ein fortdauernder Prozess, eine Nische zu finden, Experte zu werden und zu bleiben. Meist beginnt es so, dass Sie besonderes Interesse für ein bestimmtes Thema in Ihrer Branche entwickeln. Oder eine bestimmte Herangehensweise an Probleme entwickeln. Der erste Schritt in Richtung Experte könnte dann sein, sich fortzubilden und sich weitere Kenntnisse in diesem Bereich anzueignen. Im Übrigen ist dieser Schritt eine gute Methode um festzustellen, ob Sie in die richtige Nische vorgestoßen sind. Denn hier ist der Spaßfaktor ein nicht zu unterschätzendes Kriterium: Eine Spezialisierung werden Sie nur dann langfristig beibehalten, wenn Sie Freude daran haben, Ihren Expertenstatus immer weiter zu verfeinern und zu vermarkten.

Tipp

Denken Sie immer daran, dass Sie für Ihre Kunden als Problemlöser auftreten. Eine Nische kann daher auch darin bestehen, dass Sie Probleme bei Kunden wahrnehmen, die von anderen Dienstleistern in Ihrer Konkurrenz nicht aufgegriffen werden. Anhaltspunkte dafür sind zum Beispiel Äußerungen Ihrer Auftraggeber bei laufenden Projekten oder Ergebnisse einer Kundenbefragung, wo Sie diese Frage ganz gezielt stellen können.

Denn genau das ist der nächste Schritt – den (neuen) Experten in Ihnen öffentlich zu machen. Möglicherweise hat Ihre Positionierungsanalyse ergeben, dass Sie Ihre Nische bereits gut besetzen, was die Aufträge und die Kundschaft angeht. Dann kann es hier beispielsweise darum gehen, mit weiterer Eigenwerbung neue Projekte zu akquirieren. Es ergeben sich neue Aufträge, Ihr Expertenstatus spricht sich herum, Sie werden empfohlen und haben die Möglichkeit, sich der Zielgruppe auf anderen Ebenen darzustellen. Sie werden bekannter und als Spezialist/in wahrgenommen. Für die Kunden ist dies wiederum eine Entscheidungshilfe. Denn diese gehen davon aus, dass Sie Ihr Spezialgebiet oder Ihr Nischenangebot beherrschen. Das ist Ihr Vorsprung – wenn Sie sich an das Bild, das Sie kommunizieren, in der Praxis auch halten. Positionierung in der Nische bedeutet, dass man schneller auf Sie aufmerksam wird, weil Sie weniger Konkurrenz haben. Sie kommen schneller in die Köpfe der Kunden. Und wenn Sie Ihr Qualitätsversprechen halten, bleiben Sie dort auch.

> Mehr Informationen zum Thema Vermarktung finden Sie in Kapitel 6 ab S. 155

5.3 Kreative Ideen für neue Geschäfte

Gute Ideen brauchen Zeit. Auch deswegen ist es wichtig, dass Sie sich ab und zu einen Strategie-Tag oder womöglich ein ganzes Strategie-Wochenende gönnen. Hier können Sie jenseits Ihres Arbeitsalltags all die Fragen klären, mit denen Sie sich unbewusst beschäftigen. Und manchmal hilft es, wenn Sie nicht nur Checklisten abarbeiten und mit Zahlen jonglieren, sondern einen neuen, kreativen Zugang zu Ihren Problemen finden.

Wenn es um das eigene Geschäft geht, ist es um den kreativen Ansatz manchmal nicht so gut bestellt. Das liegt nicht so sehr daran, dass es Freiberuflern an kreativen Ideen mangeln würde – im Gegenteil, viele von ihnen befassen sich sogar berufsmäßig damit. Es ist viel eher so, dass der Alltag es nicht zulässt, in punkto strategischer Veränderung der Fantasie freien Lauf zu lassen. Und selbst wenn man sich einmal einen Tag dafür Zeit nimmt, ist die Schere im Kopf häufig gegenwärtig, die außergewöhnlichen Gedankengängen den Weg in die Realität abschneidet. Hier können verschiedene Kreativitätstechniken helfen.

Denn sicher haben Sie das selbst schon einmal erlebt: Manche Ideen entstehen plötzlich – unter der Dusche oder beim Joggen. Wenn Sie dieses Glück haben, halten Sie solche Ideen immer und in jedem Fall fest, selbst dann, wenn Sie sie nicht sofort gebrauchen oder umsetzen können. Wenn Sie aber auf einen solchen Ideenblitz aus heiterem Himmel nicht warten können, sollten Sie einige Kreativitätstechniken kennen. Diese helfen Ihnen nicht nur an einem Strategietag, sondern auch bei vielen anderen Bereichen Ihres Geschäfts, zum Beispiel in der Vermarktung.

Wie Sie Ihre eigene Kreativität fördern können, ist individuell verschieden. Wichtig ist, dass Sie jede Idee schriftlich festhalten. Verwerfen Sie keinen Gedanken, auch wenn er noch so abwegig erscheint. Unterwerfen Sie Ihre Kreativität keiner Selbstzensur!

Außerdem sollten Sie sich ein kreatives Umfeld schaffen.

1. Sorgen Sie für eine Atmosphäre, in der Sie sich wohl fühlen.
   Kreativ zu sein funktioniert nicht zwischen zwei Projekten. Wenn Sie sich einen Tag Auszeit gönnen für die Arbeit an Ihrer Strategie oder an Ihrer Positionierung, können Sie wesentlich entspannter zu kreativen Gedanken finden als wenn Sie zwei Stunden später wieder an einem Auftrag arbeiten müssen.

2. Schaffen Sie eine Umgebung, die Ihre Kreativität beflügelt.
   Manch einer braucht einen Seminarraum mit Flipchart, ein anderer legt lieber die Füße hoch oder setzt sich in den Park. Beobachten Sie sich und versuchen Sie herauszufinden, wo Ihre Gedanken am besten »fließen«.

3. Setzen Sie sich keinem Druck aus.

Auch wenn Sie einen Tag zum Kreativitätstag ausgerufen haben, heißt das noch lange nicht, dass Sie auf gute Ideen kommen. Gerade unter Druck funktioniert das häufig nicht. Wenn keine der Kreativitätstechniken funktioniert, tun Sie einfach etwas ganz anderes, um sich vom Druck zu befreien.

Für jede kreative Phase gibt es Spielregeln. Die erste lautet: Quantität geht vor Qualität. Das bedeutet nichts anderes, als dass jeder Gedanke erlaubt ist. Schreiben Sie jede Idee auf, spinnen Sie daraus weitere Ideen. Manchmal ist es hilfreich, einfach mal Blödsinn zu machen oder ins Absurde zu denken. Eine weitere Spielregel lautet: Bewerten Sie nicht, während Sie Ideen finden. Ob Sie allein oder gemeinsam mit anderen kreativ sind: Bewertung schnürt Kreativität ab. Sie lässt keine neuen Ideen zu, sondern setzt nur auf Bewährtes. Wichtig ist auch die dritte Spielregel: Halten Sie sich bei den Techniken, die in diesem Kapitel beschrieben werden, durchaus an den formalen Rahmen, an die Methode. Manches mag Ihnen auf den ersten Blick lächerlich erscheinen; es ist aber durchaus sinnvoll. Denn die Methoden versuchen, die rechte Hirnhälfte zu aktivieren. Diese Hälfte dient nicht nur der räumlichen Orientierung, sondern sorgt auch für den Überblick; sie funktioniert visuell. Und in dieser Hemisphäre sind Kreativität und Gefühle angelegt.

Die wichtigste Spielregel aber lautet, Ideen-Killer zu vermeiden. Das klingt einfacher, als es manchmal ist. Es hilft aber schon, die klassischen Ideen-Killer zu kennen – und die Sätze, die Ihnen durch den Kopf gehen könnten:

Ideen-Killer

- Das gibt es schon.
- Das habe ich schon probiert.
- Das ist nicht mein Stil.
- Das akzeptiert der Kunde nie.
- Das kennt der Kunde nicht.
- Das ist zu theoretisch.
- Das ist zu einfach.
- Sätze, die mit »Nein« anfangen.

Es gibt zahlreiche Kreativitätstechniken; einige kennen Sie vielleicht schon aus Seminaren oder Workshops. Manche Techniken lassen sich allein anwenden, für andere brauchen Sie eine kleine Gruppe.

Tipp

Einen Strategie-Tag müssen Sie nicht allein verbringen. Möglicherweise kennen Sie durch Ihre Arbeit oder Ihr Netzwerk andere Freiberufler, vielleicht aus anderen Bereichen. Schlagen Sie doch einfach einmal vor, gemeinsam eine kreative Auszeit zu nehmen. So können Sie nicht nur gemeinsam neue Techniken ausprobieren, sondern haben als zusätzlichen Pluspunkt noch einen freien, unverstellten Blick von außen auf Ihr Unternehmen. Und Sie können sich bei der Kollegin oder beim Kollegen direkt revanchieren.

In diesem Kapitel erfahren Sie das Wichtigste über eine Auswahl von Kreativitätstechniken – ohne Anspruch auf Vollständigkeit. Gerade in diesem Bereich gibt es viele Ratgeber, als Buch oder als Internetplattform, in Form von Seminaren und Workshops. Wenn Sie daran interessiert sind, Ihren Horizont in dieser Hinsicht zu erweitern, probieren Sie es am besten in der Praxis aus. Und finden Sie heraus, welche Kreativitätstechniken Ihnen am meisten liegen. Die eine Technik für jeden Fall gibt es allerdings nicht: Für unterschiedliche Probleme sollten Sie unterschiedliche Methoden anwenden.

In Sachen Kreativität können Ihnen zum Beispiel diese zehn Techniken nützlich sein:

1. Mindmapping
2. Cluster
3. ABC-Liste
4. Bisoziation
5. Lexikon-Methode
6. Flip-Flop-Technik / Kopfstandmethode
7. Provokationstechnik
8. Brainstorming
9. 6-3-5-Methode
10. Umfrage

Hier zunächst die Methoden, die sich eignen, wenn Sie allein kreativ sein wollen:

Das *Mindmapping* – zu Deutsch Gedankenkarte – ist inzwischen relativ bekannt als Kreativitätstechnik. Die Methode dient vor allem dazu, Stoffmengen zu überblicken und zu sortieren. Die Technik kann aber auch helfen, Ordnungsprinzipien zu finden und Wichtiges von Unwichtigem zu trennen. Mindmaps geben ein systematisches Bild der Fragestellung, lenken den Blick auf Zusammenhänge, offenbaren aber auch Informationslücken.

Die Regeln:

Sie nehmen sich ein großes Blatt Papier und schreiben den zentralen Begriff in die Mitte. Um diesen zentralen Begriff, der auch eine Frage sein kann, notieren Sie nun sämtliche Assoziationen mit Bezugspfeilen. Schreiben Sie am besten in Druckbuchstaben, damit Sie das Blatt drehen und wenden können. Legen Sie die Skizze nicht pedantisch an, sondern gehen Sie großzügig vor.

Auf der CD, die diesem Buch beiliegt, finden Sie Vorlagen für Ihre persönliche Mindmap.

Eine Variante der Mindmap ist die Fantasymap. Dazu schreiben Sie in die Mitte des Blattes folgenden Satz: »Was sind die fantastischen Eigenschaften der/des besten xy (Dienstleistung/Unternehmen/Thema) der Welt?«

Das *Cluster* ähnelt der Methode der Mindmap. Als assoziative Techniken haben die beiden Methoden einige Gemeinsamkeiten; allerdings eignet sich das Cluster vor allem dazu, Ideen zu finden und Assoziationen zu bilden. Es geht in erster Linie um das Knüpfen eines Ideennetzes und weniger um die Ordnung der Materie. Daher lässt sich diese Kreativitätstechnik gut als Stoffsammlung verwenden.

Die Regeln:

Das Cluster beginnt mit dem Cluster-Kern: Ein einzelnes Wort oder eine Phrase wird in der Mitte eines Blattes notiert und ein Kreis um diesen Anfang gezogen. Davon ausgehend notieren Sie nun weitere Assoziationen. Umkreisen Sie jede Assoziation und verbinden Sie diese mit der vorangehenden. Wenn Sie eine neue Assoziationskette bilden wollen, fangen Sie wieder beim Cluster-Kern an. Wichtig: Notieren Sie jeden Einfall.

Die *ABC-Liste* ist eine strukturierte Assoziationsmethode. Sie ähnelt ein wenig dem Spiel »Stadt-Land-Fluss«. Bei dieser Technik wird versucht, mit Beschränkungen Kreativität zu fördern.

Die Regeln:

Schreiben Sie auf einem Blatt das ABC untereinander. Assoziieren Sie dann der Reihe nach. Was fällt Ihnen mit »A« zu dem Problem oder der Frage ein, was mit »B« oder »C«? Gehen Sie weiter so vor, bis Sie den Buchstaben »Z« erreicht haben. Füllen Sie die Liste zügig aus. Wenn Ihnen zu einem Buchstaben nichts einfällt, lassen Sie das Feld leer. Interessant werden solche Listen, wenn Sie sie regelmäßig zum gleichen Thema ausfüllen und die Ergebnisse miteinander vergleichen.

Bei der *Bisoziation* lautet die Aufgabe, sich vom eigentlichen Thema zu lösen und Assoziationen aus einem zweiten Feld damit in Verbindung zu bringen. Bilder sollen dazu anregen, eine neue Perspektive zu gewinnen und damit zur eigentlichen Frage einen neuen Zugang zu finden.

Die Regeln:

Suchen Sie sich mehrere Bilder zusammen: Das kann eine Postkarte, ein Foto oder ein Gemälde sein. Das Motiv ist gleichgültig. Formulieren Sie Ihr Problem als Frage – und zwar möglichst konkret. Suchen Sie dann aus Ihrer Kollektion ein Bild aus, mit dem Sie über diese Frage nachdenken möchten. Folgen Sie Ihrer Intuition bei der Wahl des Bildes. Welche Lösungen sehen Sie in diesem Bild? Was sagt Ihnen das Foto? Was sagen Sie dem Foto? Sammeln Sie die Antworten und Einfälle und schreiben Sie diese unzensiert auf.

Die *Lexikon-Methode* folgt dem gleichen Prinzip wie die Bisoziation. Das Konzept dahinter geht davon aus, dass wir mit klassischen Kreativitätstechniken – etwa dem Brainstorming – nicht immer neue Lösungen finden. Das liegt daran, dass wir uns nicht weit genug vom Problem entfernen und deswegen zu Antworten kommen, die nahe liegen. Arbeitet die Bisoziation mit Bildern, um einen anderen Denkbereich zu betreten, geht es bei der Lexikon-Methode um einen zufällig gefundenen sprachlichen Begriff.

Die Regeln:
Sie brauchen dafür ein Lexikon oder ein anderes Nachschlagewerk. Schlagen Sie eine beliebige Seite in dem Buch auf und sehen Sie die Begriffe, die dort auftauchen, aufmerksam an. Analysieren Sie einen Begriff nach Eigenschaften und Strukturen. Nun versuchen Sie, eine Verbindung herzustellen. Das ist weit hergeholt? Je ungewöhnlicher die Verknüpfung, umso besser. Welche Aspekte Ihrer ursprünglichen Frage sind nun in einem neuen Licht zu sehen? Lassen sich Analogien herstellen? Durch diese Verknüpfung der beiden Denkebenen entstehen neue Ansätze und Ideen, die in den meisten Fällen wirklich überraschend neu und dadurch kreativ sind.

Bei der *Flip-Flop-Technik*, auch als *Kopfstandmethode* bekannt, werden die Probleme auf den Kopf gestellt. Damit sollen neue Ansichten und neue Zugänge zu einem Thema gefunden werden. Durch die Verkehrung der Probleme ins Gegenteil ergeben sich häufig amüsante Antworten, die ihrerseits ungewöhnliche Ideen hervorbringen.

Die Regeln:
Zunächst gilt es, die Ausgangssituation zu definieren. Dann kehren Sie diese Problemstellung um und versuchen Antworten auf die neue, auf den Kopf gestellte Frage zu finden. Zum Schluss drehen Sie die guten Antworten auf die paradoxe Frage wieder um, um eine Lösung für das Ursprungsproblem zu erhalten.

Auch die *Provokationstechnik* arbeitet mit dieser Art von paradoxer Kreativitätsmethode. Auf diese Weise sollen bestehende Annahmen und Sichtweisen in Frage gestellt werden.

Die Regeln:
Sie bilden unterschiedliche Provokationen zu Ihrem Thema, das heißt Aussagen, bei denen Sie Annahmen aufheben, einen Idealfall darstellen, Sachverhalte umkehren oder übertreiben, mit Zufallsbegriffen arbeiten oder die Wahrheit verfälschen. Aus diesen provokativen Aussagen heraus versuchen Sie Lösungsideen zu entwickeln.

Für die folgenden Techniken benötigen Sie in aller Regel mehrere Personen, um sie anwenden zu können. Sie eignen sich daher besonders für Strategietreffen mit Kollegen, für Netzwerkveranstaltungen oder für die Arbeit in einem Team.

Das *Brainstorming* ist wahrscheinlich die bekannteste Kreativitäts-technik. Hier werden spontane Einfälle gesammelt. Das Ziel ist, mit einer Vielfalt von Ideen ein Problem zu lösen. Ein Brainstorming be-steht aus zwei Phasen.

Die Regeln:

Die Ideen werden in der ersten Phase knapp und spontan in die Runde gerufen, eine Person notiert sämtliche Einfälle. Freies Assozi-ieren ist erlaubt, genauso wie das Aufgreifen bereits geäußerter Ideen. Es wird nicht kommentiert, kritisiert oder bewertet – weder von der Gruppe noch vom Moderator. Hilfreich ist eine provokative oder un-gewöhnliche Frage, um die Kreativität anzuregen. Wichtig ist, dass die Frage weder zu allgemein noch zu konkret ist. In der zweiten Phase werden alle Ideen und Einfälle vorgelesen, die Ergebnisse sor-tiert und Favoriten bestimmt.

Die *6-3-5-Methode* ist eine Spielart des Brainstormings (siehe Abbil-dung 5.1 auf S. 145), eine Art Brainwriting. Auch hier werden spontane Einfälle gesammelt mit dem Vorteil, dass man eine Bewertung durch andere von vorneherein vermeidet. Allerdings beschränkt man sich unter Umständen selbst.

Die Regeln:

Für die 6-3-5-Methode werden sechs Personen benötigt. Jeder erhält einen jeweils gleich großen Zettel. Auf dem Blatt Papier sind drei Spalten und sechs Zeilen vorgezeichnet. Jeder Teilnehmer schreibt nun in jede Spalte zu einer vorab gestellten Frage oder Auf-gabe seine Idee auf. Nach fünf Minuten reichen die Teilnehmer ih-ren Zettel an ihren Nachbarn weiter. Dieser entwickelt dann in der nächsten Zeile die aufgeschriebenen Ideen weiter oder notiert neue dazu.

Die Kreativitätstechnik der *Umfrage* funktioniert ähnlich wie die 6-3-5-Methode. Allerdings ist hier der Rahmen freier und die Zahl der Teilnehmer nicht vorgegeben.

Die Regeln:

Stellen Sie Ihre Frage und schreiben Sie diese auf einen Zettel. Reichen Sie das Papier herum. Jeder Teilnehmer kann eine beliebige Zahl von Antworten aufschreiben und außerdem eigene Zettel mit weiteren Fragen verteilen.

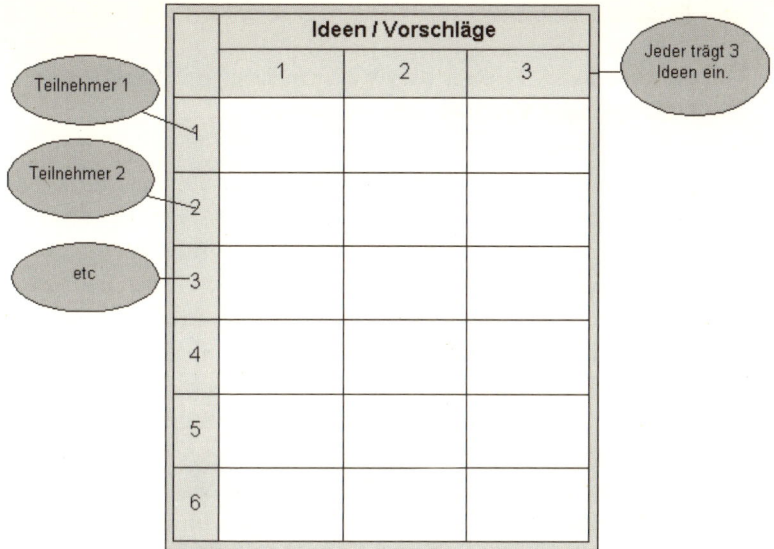

Abbildung 5.1: 6-3-5-Methode

Diese und andere Kreativitätstechniken können Ihnen in vielen Bereichen Ihres Unternehmens weiterhelfen. Ob es um die Definition Ihres Alleinstellungsmerkmals oder um eine neue Marketing-Strategie geht: Neue Ideen sind immer wertvoll. Und mit Kreativitätstechniken lässt sich die eigene Betriebsblindheit besser durchbrechen. Etwas, was Ihnen auch bei Ihren Akquise-Bemühungen helfen kann – lesen Sie dazu mehr im folgenden Kapitel.

Die Vorlage für die 6-3-5-Methode finden Sie auch auf der beiliegenden CD.

... Andreas Buhr, Trainer und Vorstand der go! Akademie für Führung und Vertrieb AG, Düsseldorf

Constanze Hacke: Strategien sind doch nur etwas für große Unternehmen – eine Äußerung, mit der sich so mancher Freiberufler um das Entwickeln einer eigenen Strategie drückt. Stimmt diese Aussage?

Andreas Buhr: Nein. Jeder Unternehmer muss sich die Frage stellen, was er mit seinem Unternehmen, seinen Produkten, seiner Dienstleistung am Markt erreichen will. Wie er sich abgrenzt und was er nicht will. Warum bin ich Unternehmer geworden? Warum in dieser Branche? Warum in dieser Rolle und Funktion? Und: Warum bin ich der Richtige? Mit den Antworten auf diese Fragen beginnt die Reise. Wege entstehen und Unbill lässt sich besser aushalten.

Constanze Hacke: Freiberufler kommen – wie andere Selbstständige auch – im Alltagsgeschäft nur selten dazu, ihre grundsätzlichen Strategien zu überprüfen. Wann und wie sollten sie strategische Ziele entwickeln?

Andreas Buhr: Das Tagesgeschäft frisst uns auf, wenn wir nicht aufpassen. Daher empfehlen wir in der go! Akademie unsere so genannten Bergtage. Hier verabredet sich der Unternehmer mit sich selbst, um eben über strategische Fragen und Antworten zu reflektieren und bewusst zu handeln. Einmal pro Jahr. Das muss sein! Am besten auf neutralem Boden und im Austausch mit anderen Unternehmern.

Constanze Hacke: Die richtige Unternehmensstrategie hängt auch eng mit der eigenen Positionierung zusammen. Welche Punkte sind hier wichtig?

Andreas Buhr: Wer gut positioniert ist, ein darauf abgestimmtes Marketing hat, vom Kunden gefunden wird und es ihm leicht macht, Kunde zu werden, der handelt vertriebsintelligent. Um das für sich als Unternehmer herauszufinden, haben wir eine Positionierungsanalyse entwickelt.

Die Positionierungsanalyse finden Sie auf der beigefügten CD.

Constanze Hacke: Freiberufler aller Branchen sind gern mit einem Bauchladen unterwegs, um möglichst keine Aufträge am Wegesrand liegen zu lassen. Ein geeignetes Vorgehen?

Andreas Buhr: Nein. Ein Zahnarzt behandelt auch keine Knie-beschwerden. Es macht keinen Sinn, die »eierlegende Wollmilchsau« sein zu wollen. Wer alles nur ein bisschen macht, bleibt eben auch ein »Bisschen«. Fokussierung bringt Wachstum!

Constanze Hacke: So mancher Freiberufler meint, für ihn gäbe es keine Nische, da er kein besonderes Spezialgebiet bediene. Gibt es solche Fälle tatsächlich – und wenn ja, was sollten diese Freiberufler tun?

Andreas Buhr: Wenn es diese Nische nicht geben sollte und es diesen Platz im Markt für Sie nicht gibt – was ich mir nicht vor-stellen kann –, sollten Sie sich nicht als Freiberufler versuchen. Die Regeln sind klar: Sei Erster, finde einen Bereich, in dem du Erster sein kannst. Finde eine Unterkategorie, in der du Erster sein kannst. Sei guter Zweiter oder maximal Dritter! Besetze einen Slogan, arbeite mit Emotionen! Beginne beherzt, fokussiere und bleib dran!

Constanze Hacke: Angenommen, ich bin einige Jahre am Markt und merke, dass ich mit meinem Geschäft nicht so recht weiterkomme. Wie kann ich dann erfolgreich meine Positionierung verändern?

Andreas Buhr: Wer sich jedes Jahr mit seiner Marktposition be-schäftigt, kann nicht mehrere Jahre erfolglos sein. Hier gilt klar, dass derjenige Erfolg haben wird, der seinen Markt von heute und von morgen kennt. Derjenige, der sich darauf einstellt und so verändert, dass er gute Chancen hat. Der Golf GTI aus den 80ern war ein tol-ler Wagen. Und heute? Heute ist es die Entwicklung dieses Typs. So verhält es sich in den meisten Branchen. Das mobile Internet hat das Verhalten vieler Menschen extrem verändert. Kaufentscheidun-gen werden im Internet geprüft, teils sogar gefällt. Sie müssen sich fragen: Wie verändert sich Ihr Geschäft durch das veränderte Kunden-verhalten? Verabschieden wir uns von Zielgruppen. Die Prinzessin ist die neue Kundin. Und Prinzessinnen wollen umworben sein. Für uns heißt der neue Kunde: Kunde 3.0®. Wir haben das gemeinsam mit der ESB Business School Reutlingen untersucht: Mithilfe einer Um-frage haben wir herausgefunden, welche Werte, Ideen und Strategien den Vertrieb heute und morgen erfolgreich machen.[12] Vorbei ist die Zeit, in der Kunden sich gedulden mussten oder Kompromisse ein-gegangen sind. Abseits jeder klassischen Zielgruppendefinition hat

---

12 Buhr, Andreas: *Vertrieb geht heute anders. Wie Sie den Kunden 3.0 begeistern*, Offenbach 2011.

sich ein neuer Kundentyp entwickelt: der Kunde 3.0. Er ist informiert, er handelt. Er will keine Werbebotschaften. Er entwickelt mit, ist involviert, will mitgestalten. Das erfordert zwingend neues Denken und neues Handeln in den Unternehmen.

Constance Hacke: Und wie präsentiere ich diese Weiterentwicklung oder Neupositionierung gegenüber der – möglicherweise neuen – Kundschaft?

Andreas Buhr: Das kann ein Relaunch sein – oder Sie beginnen von vorn. Finden Sie dafür einen Grund, machen Sie Ihre Entscheidung klar und deutlich, stellen Sie nach vorn, was Sie bewegt, das zu tun, und dann geben Sie 100 Prozent Vollgas!

Constance Hacke: So manchem Freiberufler fällt es aber schwer, sich von eingefahrenen Geschäftsbereichen zu trennen. Wann ist es Zeit, genau das zu tun, und wie sollte man dann weiter (re)agieren?

Andreas Buhr: Wenn Sie mit Geschäftsbereichen kein Geld verdienen und dies auch von der Strategie – zum Beispiel über ergänzende Dienstleistungen – oder vom Image her keinen Sinn ergibt, machen Sie Schluss damit. Gewinne von heute bezahlen die Kosten von morgen. Nur, wer Gewinn macht, kann sich das Unternehmen auch morgen noch leisten. Wer hat etwas davon, wenn Sie pleitegehen? Die Positionierungsanalyse und unsere Bergtage können eine gute Orientierung sein.

Constance Hacke: Wo liegt aus Ihrer Beratungserfahrung her in aller Regel der größte Aufholbedarf?

Andreas Buhr: Die Kernfrage lautet heute: Wie verändert sich unser Geschäftsmodell durch die Nutzungsmöglichkeiten im Netz? Wie (re)agieren wir? Wovon verabschieden wir uns? Was verändern wir? Womit beginnen wir neu? Sind wir in den Herzen und Köpfen dazu bereit? Haben wir die richtige Mannschaft, klare Ziele und sind wir bereit, den Preis für Erfolg zu zahlen?

Constance Hacke: Aus dem Nähkästchen geplaudert: Wie oft überprüfen Sie selbst Ihre individuelle Strategie – und mit welchen Konsequenzen?

Andreas Buhr: Die nächsten Bergtage finden im Dezember in Österreich statt. Wir kombinieren schon Präsenzveranstaltungen, Seminare und Trainings sowie so genannte Webinare, haben einiges im Bereich Social Media getan, dazu kommt ein neues Buch heraus: *Vertrieb geht heute anders – wie Sie heute den Kunden 3.0. begeistern!*. Also lesen Sie selbst ...

6
Akquise ist immer

Die Zahlen sind nun klar, die inhaltliche Richtung auch. Jetzt müssen die richtigen Kunden gefunden und gehalten werden. Genau wie die eigenen Zahlen sollten Freiberufler ihr Kundenportfolio regelmäßig überprüfen – und Konsequenzen für die Akquise daraus ziehen: Brauche ich mehr Regelmäßigkeit in meinen Einnahmen? Ist eine systematische Akquise notwendig und sinnvoll? Habe ich mich für eine andere Positionierung entschieden und muss ich daher in neuen Kundensegmenten suchen? Wie vermarkte ich mich als Experte? Und was bringen mir eigentlich die Social Media in Sachen Akquise?

Akquise[13] ist für viele Freiberufler ein rotes Tuch. Anders als Gewerbetreibende haben sie meist eine komplexe Dienstleistung zu verkaufen, die sich nicht einfach mal eben am Telefon erklären lässt. Viele Freiberufler tun sich daher schwer damit, klassische Kaltakquise zu betreiben – mit der Folge, dass sie sich solange darum drücken, bis Auftraggeber wegbrechen und es ohne Akquise nicht mehr geht.

Dabei ist es wichtig, antizyklisch zu akquirieren, also daran zu arbeiten, neue Kunden zu gewinnen und dafür zu sorgen, dass das Unternehmen nach außen präsent ist. Gewissermaßen gegen den Auftragstrend – also dann, wenn die Auftragsbücher und Praxisterminkalender voll sind und sich die Mandanten die Bürotürklinke in

---

13 Der Begriff Akquise bezeichnet die Kundengewinnung durch
   persönliche Ansprache, also in aller Regel die Akquise am Telefon.
   Da es sich im allgemeinen Sprachgebrauch eingebürgert hat, die
   Akquise generell mit der Neukundengewinnung gleichzusetzen,
   wird auch hier das Wort Akquise in diesem Sinne benutzt.

die Hand geben. Denn der Erfolg von Akquise zeigt sich meist erst einige Zeit später – also womöglich dann, wenn die Auftragslage wieder etwas schlechter oder lückenhafter ist. Eine systematische Vermarktungsstrategie verbunden mit der Positionierung als Experte für Ihren Bereich sorgt dafür, dass Sie langfristiger planen können. Und um nachhaltige Kundenbindungen müssen Sie sich dann keine Gedanken mehr machen.

6.1 Strategische Akquise: Varianten der Kundengewinnung

Akquise: Das scheint für viele Freiberufler etwas zu sein, was man in schlechten Zeiten angehen muss. Wenn Aufträge ausbleiben, Projekte auslaufen und keine neuen folgen oder aber die bestehende Kundschaft nicht die Wirtschaftlichkeit des Unternehmens sichern kann, erst dann denken Freiberufler über Akquiseaktivitäten nach. Dann ist es jedoch meist zu spät für strategische Akquise, zu spät dafür, Kunden zu finden, die nicht nur finanzielle Löcher stopfen, sondern auch inhaltlich der eigenen Positionierung und den individuellen Kompetenzen entsprechen. Mal ganz abgesehen davon, dass in solch schlechten Zeiten die Not den Freiberufler zum Telefonhörer greifen lässt – und das ist keine gute Voraussetzung für ein Akquisegespräch.

Strategische Akquise sollten Sie beständig betreiben und sich nicht scheuen, offensiv und selbstbewusst auf potenzielle Kunden zuzugehen. Denn Akquise ist – richtig angepackt – gar nicht so schwer und kann sogar Spaß machen.

Tipp

Für Freiberufler mit ihrem erklärungsbedürftigen Dienstleistungsspektrum besteht die Angst vor der Akquise manchmal darin, dass sie ihr Angebot stark mit ihrer Person verbinden. Entsprechend gekränkt sind sie, wenn ihr Angebot abgelehnt wird oder der potenzielle Kunde gar nicht reagiert. Hier hilft – für den Moment der Akquise – die innere Distanz zur eigenen

Dienstleistung. Denn für die möglichen Auftraggeber ist man im ersten Moment der Kaltakquise erst einmal ein Anbieter unter vielen.

Um für sich selbst eine geeignete und tragfähige Akquisestrategie zu entwickeln, sollten Sie zunächst folgende drei Fragen beantworten:
1. Wer sind meine (potenziellen) Kunden?
2. Wie kann und darf ich für mich werben?
3. Wie will und darf ich akquirieren?

Über Ihre Bestandskundschaft wissen Sie, wenn Sie regelmäßig eine Kundenanalyse machen, im besten Fall schon recht gut Bescheid. Daraus können Sie nun ein weitergehendes Bild entwerfen. Denn ein Auftraggeber, Mandant oder Patient hat sich dann für Sie entschieden, wenn er seine Wünsche und Bedürfnisse bei Ihnen am besten aufgehoben sieht und seine Probleme von Ihnen optimal gelöst werden. Was aber könnte das sein?

Mehr Informationen zum Thema Kundenanalyse finden Sie in Kapitel 3 ab S. 72

Ein Weg um dies herauszufinden, ist die Befragung Ihrer Kunden. Warum also nicht einmal Ihre Stammkundschaft bitten, Ihnen Rede und Antwort zu stehen? Sie können eine solche Kundenbefragung mit einem netten Mailing verbinden und stellen so gleichzeitig fest, ob Ihre Auftraggeber mit Ihren Leistungen zufrieden sind.

Sie können so aber zugleich versuchen, die Schnittmenge Ihrer Kundenzielgruppe festzustellen:
- Welche Probleme lösen Sie für Ihre Kunden?
- Was ist den Kunden wichtig?
- Was lehnen Ihre Kunden ab?
- Setzen sie auf hohe Qualität oder ein bestimmtes Image?
- Nach welchen Kriterien entscheiden sich Ihre Auftraggeber für oder gegen einen Dienstleister?
- Welche beruflichen Kontakte pflegen Ihre Auftraggeber?
- Wo und wie informieren sich Ihre Kunden?

Je nach Branche können folgende Fragen wichtig sein:

- Wie alt sind Ihre Kunden?
- Was mögen Ihre Kunden?
- Welches Einkommen haben sie?

Wichtig ist, dass Sie eine solche Zielgruppenanalyse nicht nur einmal betreiben. Sie sollen sie – ähnlich wie viele andere Instrumente, die in den vorangegangenen Kapiteln beschrieben worden sind – mindestens einmal jährlich nutzen. Denn Märkte (und Kundenbedürfnisse) verändern sich. Deshalb müssen Sie Ihren Kunden und denen, die es noch werden können, regelmäßig abseits von Aufträgen Beachtung schenken.

Strategische Akquise bedeutet, dass Sie genau definieren müssen, mit welchen Dienstleistungen Sie am Markt präsent sind und auf welche Dienstleistung Sie Ihre Akquise-Aktivitäten konzentrieren wollen. Nur so ist es möglich, gezielt zu akquirieren und nicht einfach hier und da einmal jemandem Ihr Angebot vorzuschlagen. Schauen Sie auf Ihr Dienstleistungsspektrum, Ihre Nische – und gegebenenfalls auf eine Veränderung Ihrer Positionierung. Daraus ergeben sich fast automatisch folgende Fragen:

Mehr Informationen zum Thema Positionierung finden Sie in Kapitel 5 ab S. 127

- Welche Kunden will ich ansprechen?
- Wie und wo erreiche ich die potenziellen Kunden?
- Wann akquiriere ich am besten?

Je präziser die Antworten auf diese Fragen ausfallen, desto größer sind die Chancen auf neue Kunden. Gezielt akquirieren heißt, seine Zielgruppe möglichst exakt zu definieren. Ein Beispiel: Ein Fotograf verkauft Fotos – Fotos brauchen viele Menschen und Unternehmen. Damit ist die Zielgruppe nahezu unendlich. Doch gerade darin liegt die Gefahr, die eigene Zielgruppe zu wenig einzugrenzen.

Erarbeiten Sie daher eine Akquise-Strategie anhand folgender Leitfragen:

- Was biete ich an?
- Wer könnte diese Leistung haben wollen?
- Wen will ich ansprechen und auf welche Weise?

Hilfreich sind außerdem folgende Punkte:

- So sehen meine drei nächsten Auftraggeber aus: ...
- Welches ihrer Probleme löst mein Angebot?
- Die drei wichtigsten Gründe, meine Dienstleistung zu kaufen, lauten ...
- Den drei nächsten Kunden verkaufe ich deshalb...

Wenn Sie mehrere Dienstleistungsbereiche bearbeiten, ist es sinnvoll, die Akquise möglichst kleinteilig anzugehen. Ein Beispiel: Sie sind als Dozent tätig und wollen Ihr Kundenportfolio vergrößern. Dann ist es zum Beispiel ein geeigneter Weg, die Akquise-Aktivitäten zu unterteilen, etwa in

- regionale Bildungsträger,
- Kammern,
- Berufsverbände,
- Stiftungen,
- Messeveranstalter.

Der nächste Schritt ist die Recherche in der ausgewählten Zielgruppe. Potenzielle Auftraggeber

- haben Namen, Postanschriften, Telefon- und Faxnummern sowie E-Mailadressen,
- betreiben Websites, äußern sich in Foren oder den Social Media und
- verfügen über eigenes Werbematerial.

Bei größeren Geschäftskunden sollten Sie außerdem zwischen Ansprechpartnern und Entscheidern differenzieren. Recherchieren Sie die Kontaktdaten und stellen Sie dann eine Prioritätenliste auf: Bei welchen Kunden wollen Sie zuerst akquirieren? Bis wann soll das Ganze erledigt sein? In welcher Form wollen Sie akquirieren? Am besten erstellen Sie für jeden Bereich der Zielgruppe sofort diese Liste. Dann können Sie auswählen, welchen Teil der Zielgruppe Sie zuerst angehen und welchen anderen Teil Sie sich selbst als Hausaufgaben aufgeben. So haben Sie ein Akquiseziel für den nächsten Monat.

Erklärstück: Akquise – was ist erlaubt?

Seit einigen Jahren ist die so genannte Kalt-Akquise stark eingeschränkt. Das Gesetz gegen den unlauteren Wettbewerb (UWG) regelt die Ansprache von potenziellen Kunden per Telefon, Fax, elektronische Medien und weiteren Formen (zum Beispiel Briefe oder Anzeigen). Für die Kalt-Akquise per elektronischer Post (und auch per SMS und MMS), per Fax und Telefon gilt – sofern es sich um einen Verbraucher handelt: Wer unaufgefordert zu Werbungszwecken mailt, SMS verschickt, faxt oder anruft, belästigt den anderen. Daher muss für die Kontaktaufnahme im Verbraucherbereich eine ausdrückliche Einwilligung vorliegen. Dabei müssen Sie beachten, dass Ihre E-Mails immer ein vollständiges Impressum enthalten. Sofern Sie einen potenziellen Kunden anrufen, dürfen Sie Ihre Rufnummer nicht unterdrücken. Übrigens: Nur weil ein potenzieller Kunde seine E-Mail-Adresse, Faxnummer, Telefonnummer oder sonstiges im Internet oder auf seinem Geschäftspapier angibt, willigt er damit noch lange nicht automatisch ein, Werbung zu bekommen.

Sofern Sie einen potenziellen Geschäftspartner anmailen oder anrufen, gelten etwas weniger strikte Anforderungen an die Einwilligung: Hier genügt eine mutmaßliche Zustimmung. Aber auch hier müssen Sie Ihre Kontaktdaten offen legen (Impressum, keine Rufnummerunterdrückung). Adressierte Werbung per Post ist weiterhin erlaubt, bei Unternehmenskunden jedoch nur an die berufliche Anschrift. Sie dürfen Werbung, zum Beispiel Ihren neuen Flyer, übrigens an Adressen aus öffentlichen Verzeichnissen verschicken, ohne dass die Empfänger eingewilligt haben. Fazit: Ob Sie Ihre potenziellen Kunden kontaktieren dürfen, hängt vom Medium, von der Zielgruppe und von der Einwilligung des Empfängers ab.

Sie kennen nun Ihre ausgewählte Zielgruppe für die Dienstleistung, die Sie anbieten. Nun müssen Sie entscheiden, wie Sie aus einer Zielgruppe Kunden machen. Dazu gibt es – unter Beachtung der rechtlichen Voraussetzungen – die unterschiedlichsten Akquisemöglichkeiten:

- Anzeigen
- Telefongespräch / Verkaufsgespräch
- Mailings
- Verkaufsaktionen / Zusatzleistungen
- Messen und Tagungen

Anzeigen und andere Formen der Mediawerbung sind ein traditionelles Werbemittel. Allerdings haben Inserate zum Beispiel in Zeitungen oder Zeitschriften hohe Streuverluste und sind nicht gerade billig. Auch ist es schwierig, die komplexe eigene Dienstleistung und vor allem das Alleinstellungsmerkmal auf die Kürze der Anzeige zu reduzieren. Wenn Anzeigen erfolgreich sein sollen, müssen zwei Voraussetzungen gegeben sein:

1. Eine Platzierung dort, wo man die Zielgruppe garantiert erreicht.
2. Ein Anlass, der die Zielgruppe aufhorchen lässt.

Wollen Sie ein Fachpublikum erreichen, müssen Sie sich darüber informieren, welche Fachzeitschriften Ihre potenzielle Kundschaft liest. Wenn Sie im regionalen Bereich Kunden ansprechen möchten, ist der Lokalteil der Tageszeitung oder das Internetportal Ihrer Gemeinde der richtige Ort für ein Inserat.

Anzeige – ja oder nein?[14]

Auch im Online-Zeitalter geht es nicht immer ohne Papier: Eine gedruckte Selbstdarstellung hängt von Ihrem Angebot und der Branche ab, in der Sie arbeiten.

Machen Sie es dem Kunden so einfach wie möglich, sich und Ihr Angebot zu finden und sich darüber zu informieren. Studien zeigen, dass 97 Prozent der Informationen, die an einem Tag auf uns einstürzen, nicht verarbeitet werden können. Also gilt es, die Informationen und Unterlagen so zu gestalten, dass sie beachtet werden. Ein Interessent wird Ihr Angebot nur dann genauer betrachten,

---

14 Krieb, Christine: *Selbstmarketing für Freiberufler. Kunden gewinnen mit Strategie*, www.akademie.de 2009.

- wenn es Vorteile für ihn bietet,
- wenn es ansprechend dargestellt wird,
- wenn er es ohne große Schwierigkeiten finden kann, d. h. an vielen verschiedenen Orten kommuniziert wird.

Anzeigen sind ein gutes Mittel, um sich und sein Angebot bekanntzumachen. Ja oder nein? Das kommt ganz darauf an.

Wussten Sie, ...

... dass nicht in erster Linie der Inhalt entscheidet, ob eine Anzeige wahrgenommen wird? Mindestens genauso wichtig ist, wie groß die Anzeige ist. Ob sie in Farbe oder schwarz-weiß ist.

... dass Bilder das Aufmerksamkeitspotenzial steigern? In 75 Prozent beginnt die Anzeigenbetrachtung mit einem Bild.

... dass es wesentlich ist, an welcher Stelle die Anzeige in der Zeitschrift erscheint, das heißt ob auf der linken oder rechten Seite in einem Magazin oder der Zeitung? Ob oben oder unten? Dies hängt damit zusammen: Wer eine Zeitschrift nur durchblättert, sieht auf den ersten Blick nur, was rechts steht – und da oben. Erst wenn die Zeitschrift ganz aufgeblättert ist, fällt der Blick des Lesers auch auf ganz unten links. Deshalb sind die Plätze rechts (oben) heiß begehrt.

... dass es sich nur dann lohnt, Geld für eine Anzeige auszugeben, wenn Sie auch bereit sind, mindestens dreimal zu inserieren? Geld, das Sie an anderer Stelle vielleicht besser einsetzen könnten.

Als Spielart der Mediawerbung ist die Autowerbung denkbar. Hier sind ebenfalls zwei Punkte wichtig:

1. Ist Ihre Zielgruppe empfänglich für Autowerbung?
2. Ist Ihre Autowerbung prägnant genug, um sie sich an einer roten Ampel oder beim Stau auf der Autobahn einzuprägen?

Darüber hinaus ist eine schnelle Antwort auf Kundenanfragen wichtig. Denn wenn Sie auf Ihrem Firmenwagen eine Telefonnummer oder E-Mail-Adresse aufkleben, aber nicht prompt auf Kundeninteresse reagieren, ist das vor allem eines: eine negative Empfehlung. Und so etwas spricht sich in Kundenkreisen fast noch schneller herum als gute Arbeit.

Erklärstück: Werbung – Nicht jeder darf alles

Für einige freie Berufe gelten Einschränkungen bei der Werbung für das eigene Dienstleistungsangebot. Davon sind die sogenannten kammerfähigen freien Berufe betroffen – also Ärzte, Apotheker, Psychotherapeuten, Notare, Anwälte, Steuerberater, Wirtschaftsprüfer, Architekten und beratende Ingenieure. Für diese »verkammerten« freien Berufe ist nicht jede Form der Werbung zulässig – weil sie zum Beispiel medizinische Versorgung gewährleisten oder eine unabhängige Beratung sicherstellen sollen. So sind beispielsweise besonders marktschreierische Anzeigen untersagt. Ist die Information allerdings sachlicher Natur oder beschränkt sie sich auf die Darstellung der Tätigkeit, sind Werbeformen wie Anzeigen, Mailings oder Flyer erlaubt. Wer unsicher ist, ob die geplante Akquiseaktion unter die Werbebeschränkungen fällt oder nicht, sollte bei der zuständigen Kammer nachfragen.

Die Kaltakquise via *Telefongespräch* fällt vielen Freiberuflern schwer, ganz abgesehen davon, dass sie nur für den Business-to-business-Bereich rechtlich erlaubt ist. Trotzdem hat das Telefonieren mit dem potenziellen Kunden viele Vorteile:

- Sie können Ihre Dienstleistung erläutern und persönlich bewerben.
- Sie erhalten eine direkte Rückmeldung auf Ihre Aktivität.
- Sie können sich ein erstes Bild von Ihrem Gegenüber machen.

Wichtig ist, dass Sie zunächst einmal feststellen, wann der geeignete Zeitpunkt ist, um Ihren Wunschkunden anzurufen. Und beim Telefonat selbst sollten Sie Ihren Ansprechpartner fragen, ob er Zeit hat oder ob Sie zu einem späteren Zeitpunkt noch einmal anrufen sollen.

Darüber hinaus sollten Sie ein solches Telefonat anhand folgender Leitfragen gut vorbereiten:

- Welches Ziel will ich mit diesem Anruf erreichen?
- Kann ich mich selbst für mein Angebot begeistern?
- Welchen unmittelbaren Nutzen habe ich meinem Gesprächspartner zu bieten?

- Habe ich sein ausdrückliches Einverständnis oder kann ich es guten Gewissens voraussetzen?

Führen Sie Akquisetelefonate nur dann, wenn Sie in guter Stimmung sind. Es ist wenig sinnvoll, dass Sie sich quälen, nur weil der monatliche Akquisetag mit den selbstgestellten Hausaufgaben näher rückt. Die gute Atmosphäre zählt! Und denken Sie daran: Der Angerufene braucht einige Sekunden Zeit, um sich auf das Gespräch einzustellen. Begrüßen Sie daher zuerst den Gesprächspartner namentlich und nennen Sie dann Ihren Namen und den Ihres Unternehmens.

Finden Sie außerdem einen geeigneten »Elevator Pitch«. Damit ist im übertragenen Sinne eine Art Fahrstuhlpräsentation gemeint, bei der Sie eine kurze Zeitspanne nutzen, um sich, Ihre berufliche Tätigkeit und Ihr Alleinstellungsmerkmal vorzustellen. Finden Sie einen Einstiegssatz, der prägnant umreißt, was Sie eigentlich tun. Lange Vorträge sind gerade bei einem Kaltakquise-Telefonat unangebracht und kontraproduktiv. Es ist der erste Eindruck, der jetzt zählt. Daher sollte der »Elevator Pitch« kurz und leicht verständlich Folgendes auf den Punkt bringen:

- Welches Problem wollen Sie lösen?
- Wie lösen Sie dieses Problem?

Bildhafte Sprache ist erlaubt, denn sie prägt sich ein. Formulieren Sie nicht kompliziert, sondern so, dass beim Gegenüber nicht mehr Fragen offen bleiben als vor dem Telefonat. Und bleiben Sie authentisch: Einstudierte Floskeln spiegeln nicht wider, was Sie anders machen. Ganz wichtig: Der »Elevator Pitch« ist nicht das Verkaufsgespräch, sondern nur Ihr Türöffner für das Telefonat mit dem potenziellen Neukunden. Für den Rest des Gesprächs zählen vor allem Fragen, mit denen Sie

- Informationen über den Kunden und seine Tätigkeit einholen,
- Interesse an Ihrem Angebot herausfiltern,
- mögliche Arten der Zusammenarbeit besprechen.

Wichtig ist, dass Sie offene Fragen stellen, auf die kein einfaches »Ja« oder »Nein« möglich ist – ansonsten ist das Gespräch schnell beendet. Fassen Sie die Aussagen Ihres Gesprächspartners zusammen und vereinbaren Sie am Ende des Telefonats eine Aktivität, zum Beispiel, dass Sie Ihr Kurzprofil verbunden mit einem Angebot per E-Mail zusenden. Und selbst, wenn das Ganze nicht so ausgeht wie erhofft: Bleiben Sie freundlich und verbindlich.

Als Einstieg für ein Verkaufstelefonat eignet sich eine Empfehlung. Wenn Sie jemanden im Unternehmen kennen oder Ihnen jemand, der bereits für den Kunden gearbeitet hat, den Hinweis gegeben hat, beziehen Sie sich darauf. Nennen Sie Namen und eventuell die Funktion Ihrer Referenz. Auf diese Weise haben Sie bereits einen Fuß in der Tür.

Mailings sind eine Form des Direktmarketings. Per E-Mail ist diese Art der Kaltakquise nicht mehr in allen Fällen erlaubt, per Post können Sie mit Mailings Kunden direkt ansprechen, obwohl Sie sie nicht persönlich kennen. Machen Sie trotzdem aus einem Printmailing keine Wurfsendung, grenzen Sie Ihre Zielgruppe stark ein und schreiben Sie pro Mailing nur an einen kleinen, ausgewählten Kreis. Der Vorteil: Sie können Ihr Angebot ganz konkret auf die Zielgruppe ausrichten. Ein Mailing sollte Ihr Alleinstellungsmerkmal besonders gut herausarbeiten, daher ist es wichtig, dass es gut getextet ist und die gewählte Zielgruppe in ihrer Sprache anspricht. Wenn das Texten nicht zu Ihrer Kernkompetenz gehört, sollten Sie ein Mailing unbedingt von einem Profi texten und gestalten lassen. Denn auch hier gilt: Schlechte Werbung ist schlechte Empfehlung. Ein vorschnell gestalteter Flyer kann Geld bedeuten, das Sie zum Fenster hinauswerfen.

Für einen Prospekt müssen Sie sich Zeit nehmen. Überlegen Sie daher, ob ein Flyer Ihre Zielgruppe trifft. Vorteil: Ihre möglichen Kunden halten etwas Greifbares in den Händen, auf das sie auch nach einiger Zeit noch zurückkommen können. Ein Prospekt wirkt langfristig; die gedruckte Information erinnert den Kunden daran, dass es das Angebot gibt. Und Sie erreichen damit Zielgruppen, die möglicherweise nicht so intensiv im Internet nach Dienstleistern suchen.

Ein Mailing bietet eine gute Möglichkeit, neue Geschäftsbereiche auffällig und professionell zu positionieren. Zum Beispiel mit einer hochwertigen Imagebroschüre, die explizit Ihr neues Dienstleistungsangebot hervorhebt und speziell auf die Zielgruppe zugeschnitten ist, die eine solche Dienstleistung benötigen könnte. Wenn möglich, können Sie in einer solchen Broschüre an einem Beispiel zeigen, was das Spezielle an Ihrer Herangehensweise ist. So haben die potenziellen Kunden es direkt vor Augen – und zum Nachlesen auf dem Schreibtisch, wenn Sie später Ihre Akquise nachfassen.

Kleine Geschenke verstärken die Botschaft Ihres Mailings. Ausgefallene Präsente finden Sie in zahlreichen Online-Shops. Wichtig ist, dass diese sowohl zu Ihrem Angebot als auch zum Mailing-Text passen. Bieten Sie außerdem Ihren potenziellen Neukunden die Möglichkeit zu reagieren, vielleicht mit einer Antwortkarte oder einem Gutschein. Denken Sie daran: Ein einzelner Kontakt, ein einzelnes Mailing reicht meist nicht aus, um Aufmerksamkeit zu erregen. Mailings brauchen eine Wiederholung, um sich beim potenziellen Kunden festzusetzen.

Eine Vorlage dafür, wie Sie Ihre Akquise nachhalten und nachfassen können, finden Sie auf der beigefügten CD.

Beispiel aus der Praxis

Tina Pruschmann ist Texterin und freie Journalistin und führt gemeinsam mit einer Lektorin eine GbR. Nachdem die Kollegin nach ihrer Babypause nun wieder voll in den Job zurückgekehrt ist, lief es in der ersten Zeit ganz gut. Zufällig, wie Tina Pruschmann nun festgestellt hat, denn danach folgten zwei Monate Flaute. Das brachte sie dazu, zum ersten Mal über strategische Akquise nachzudenken. Das Ergebnis war ein Mailing mit einer zeitlich begrenzten Gutschein-Aktion – eine Gratis-Beratung für Online-

Texte. Der Hintergrund war, dass Tina Pruschmann gemerkt hatte, dass sie im persönlichen Gespräch mit Kunden gut von ihrer Dienstleistung überzeugen konnte. Also brauchten sie einen Türöffner, die Gratisberatung. Ein weiterer Vorteil dabei: Eine solche Beratung gehört momentan nicht zum Leistungsportfolio der GbR, also verschenkten die beiden Fachfrauen nichts, womit sie sonst Geld verdienen. Auf die Aktion verzeichneten sie eine Rücklaufquote von fünf Prozent; bislang hat sich bereits ein lukrativer Auftrag daraus ergeben – und eine mögliche Kooperation mit einer Unternehmensberaterin. Pruschmanns Fazit: Die Gutschein-Aktion ließe sich noch verbessern, wenn sie gezielt eine Branche ansprechen und die Aktion crossmedial stärker bewerben.

Eine *Verkaufsaktion* ist in aller Regel eher ein Akquise-Instrument für den Handel. Aber auch im Dienstleistungsbereich können Sie zum Beispiel mit saisonalen Angeboten oder einer Rabattaktion auf die Gewinnung neuer Kunden hoffen. In der Regel sollte das jedoch mit einer anderen Akquiseform – zum Beispiel einem Mailing – verbunden sein, weil die Wirkung ansonsten verpufft. Wie wäre es zum Beispiel mit einem Mailing rechtzeitig vor dem Jahreswechsel, in dem Sie den Kunden mit einem kleinen Rabatt winken, wenn sie noch in diesem Jahr für das kommende Jahr ein Projekt in Auftrag geben?

Messen und Tagungen können je nach Freiberufler-Branche gute Gelegenheiten bieten, mit potenziellen Kunden ins Gespräch zu kommen – oder aber sich selbst als Experten zu positionieren. Finden Sie anhand Ihrer Zielgruppenanalyse heraus, welche Veranstaltungen wichtig für Ihre potenzielle Kundschaft sind. Manche Tagung mag für Sie als Fortbildung interessant sein, sich aber als Ort der Akquise weniger eignen. Eine umfassende Datenbank über nationale und internationale Fach- und Verbrauchermessen bietet die Homepage des Ausstellungs- und Messeausschusses der Deutschen Wirtschaft e. V. http://www.auma.de. Fachtagungen und Kongresse können Sie über die verschiedenen Kammern und Berufsverbände, die für Sie relevant sind, recherchieren. In Fachzeitschriften sind zudem häufig Rubriken abgedruckt, in denen Sie Fachveranstaltungen Ihrer Branche finden.

Wenn Sie eine Messe zur Akquise nutzen wollen, bereiten Sie sich gut vor. Schauen Sie sich das Programm und die Ausstellerliste an und überlegen Sie, wer für Sie interessant sein könnte und mit wem Sie sprechen wollen. Da auf einigen Messen hauptsächlich Vertriebsmitarbeiter an den Ständen sind, sollten Sie vorab klären, ob der richtige Ansprechpartner für Sie überhaupt vor Ort ist – und gegebenenfalls direkt einen Termin mit ihm ausmachen. Packen Sie Visitenkarten und Werbematerial ein und denken Sie ansonsten daran, dass Sie viel laufen müssen: leichtes Gepäck und bequeme Schuhe sind die Devise bei einer Messe.

Tipp

Sehen Sie den Messebesuch als Training in Sachen Akquise. Gehen Sie auf die Menschen zu, kommen Sie ins Gespräch, sammeln Sie Visitenkarten – und rufen Sie dann einige Wochen nach der Messe in Ruhe an, um die eigentliche Akquise zu starten.

Nach der Messe sollten Sie das Besprochene umsetzen, zum Beispiel Unterlagen verschicken, Vorschläge für gemeinsame Projekte machen, ein Angebot erstellen. Und ein Dank für das freundliche Gespräch per E-Mail oder Brief kommt ebenfalls gut an.

6.2 Bestandspflege: Kunden im Portfolio halten

Wer einmal Gefallen an der Akquise gefunden hat, steckt viel Energie in die Gewinnung neuer Kunden. Dabei sollte nicht außer Acht gelassen werden, dass die Stammkundschaft gepflegt werden sollte. Denn sie sorgt bereits für das Auskommen des Freiberuflers – und hier können durch erfolgreiche Kundenbindung vielleicht sogar Umsätze gesteigert werden.

Da stellt sich zuerst einmal die Frage, wie gut Sie Ihre Kunden kennen. Sie müssen keine komplexe elektronische Datenbank aufbauen, aber eine Kundenkartei mit Informationen, die über die Kontaktdaten hinausgehen, ist ein wertvolles Pfund für die Kundenbindung. Notieren Sie sich Geburtstage von Ansprechpartnern oder besondere Vorlieben – Hobbies, Haustiere oder Reiseziele –, die der Kunde einmal am Rande erwähnt hat. Erstellen Sie daraus für jeden Ihrer Auftraggeber, Mandanten oder Patienten ein Kundenprofil. Das hört sich nach Fleißarbeit an, ist aber für die Beziehungspflege ein unschätzbarer Fundus an Kontaktmöglichkeiten. Sie benötigen dazu keine spezielle Datenbanksoftware, es tut auch eine Excel-Tabelle oder, wenn Sie das lieber mögen, ein Karteikasten auf dem Schreibtisch.

Wichtig ist, dass Sie sich selbst eine kleine Erinnerungsverwaltung einrichten, vielleicht um rechtzeitig ein kleines Präsent für den A-Klasse-Stammkunden zum Geburtstag zu besorgen. Die Kundenprofile geben Ihnen aber auch die Möglichkeit, mit Auftraggebern Kontakt aufzunehmen, die sich schon länger nicht gemeldet haben. Auf diese Weise haben Sie einen Anlass, der über das »Wir könnten ja mal wieder zusammenarbeiten« hinausgeht – und Sie als Dienstleister sympathisch erscheinen lässt.

Auch Mailings lassen sich zur Kundenbindung einsetzen. Viele Freiberufler verschicken in der Weihnachtszeit oder rund um den Jahreswechsel Grüße oder kleine Präsente. Aber einprägsamer ist es, wenn Sie sich weitere Anlässe suchen oder selbst kreieren. Verschicken Sie die Kundengrüße doch einfach einmal zu Ostern oder zu Beginn der Sommerferien. Wenn Sie sportlich interessiert sind, bieten vielleicht die Fußball-Europameisterschaft oder die Olympischen Sommerspiele einen netten Anlass für ein originelles Mailing. Kombiniert mit einem netten Geschenk – je nach Anlass zum Beispiel ein Mini-Stadtplan oder ein Fußball-Mousepad – bringen Sie sich bei Ihren Kunden positiv in Erinnerung.

Tipp

Kundenpost, die Sie regelmäßig verschicken müssen, können Sie zur Kundenbindung nutzen. Verbinden Sie doch einfach einmal die Rechnung mit etwas Süßem, zum Beispiel mit einer Tüte Gummibärchen. Und wenn die Rechnung bei der Sekretärin oder direkt in der Buchhaltung landet, haben Sie auch dort jemanden für sich eingenommen.

Wenn Sie ein externes Büro haben, können Sie über einen »Tag der offenen Tür« nachdenken. Für Sie ist das gewissermaßen eine Mini-Messe, zu der Sie Ihre Kunden und potenziellen Auftraggeber einladen. Bieten Sie einen Blick in Ihre Arbeit, vielleicht verbunden mit einem Experten-Vortrag zu einem bestimmten Thema, das Ihre Kunden interessiert. Die Bewirtung darf dabei natürlich nicht fehlen, um Ihren »Tag der offenen Tür« zu einer runden, gelungenen Veranstaltung zu machen.

Übrigens: Eine Möglichkeit, Kundenbindung und Akquise miteinander zu verbinden, ist die Übernahme neuer Aufgaben bei Bestandskunden. Ein »Tag der offenen Tür« gibt Ihnen die Gelegenheit, all Ihren Kunden Ihr komplettes Dienstleistungsspektrum zu präsentieren. Auf diese Weise ergeben sich vielleicht Möglichkeiten, für bestimmte Auftraggeber bei weiteren Tätigkeiten und Projekten ins Boot zu steigen.

6.3 Sie sind der Experte!

Akquise und Kundenbindungs-Aktivitäten reichen aber nicht aus, um neue Auftraggeber zu gewinnen und die Stammkunden zu halten. Wichtig ist, sich als Fachfrau oder Fachmann zu positionieren, als Experte für die Dienstleistung, die man anbietet.

Einen solchen Expertenstatus zu entwickeln, kostet Zeit und ist mitunter anfangs arbeitsintensiv. Denn nun geht es darum zu netzwerken, Vorträge zu halten, Fachbeiträge zu schreiben und über das eigene Fachgebiet online Informationen zu liefern. Das Prinzip lautet, das eigene Fachwissen zu teilen und dann auf den Schneeballeffekt zu setzen. Das allerdings kann mitunter eine Zeitlang dauern; man braucht also einen langen Atem, um eine solche Strategie durchzuhalten.

Entscheidend ist, dass Sie wissen, als was Sie von der Fachwelt und vor allem Ihrer Zielgruppe wahrgenommen werden möchten: Als Spezialist für ein bestimmtes Thema? Als Dienstleister mit einer innovativen Technik? Als Freiberufler mit einem besonderem Serviceangebot? Heben Sie auf diesen speziellen Punkt ab und machen Sie sich bekannt – am besten frei nach dem Netzwerk-Prinzip »first give, then take«. Denn es ist ein Unterschied, ob Sie andere an Ihrem Fachwissen teilhaben lassen oder ob Sie offensiv Werbung für Ihr Unternehmen betreiben.

Fachartikel können Sie sowohl online als auch in den einschlägigen Zeitschriften Ihrer Zielgruppe veröffentlichen. Online-Portale bieten zahlreichen Dienstleistern die Möglichkeit, Expertenbeiträge zu Spezialthemen zu veröffentlichen. Auch in Printmedien, die von Ihren Kunden gelesen werden, finden Sie Rubriken, in denen Gastbeiträge abgedruckt werden. Machen Sie sich als Interviewpartner interessant, indem Sie Journalisten auf Themen aus Ihrem Fachgebiet aufmerksam machen. Achtung: Verkaufen Sie sich bei solchen Presseinformationen nicht direkt als Experte und Interviewpartner, sondern setzen Sie hier auf den Servicefaktor. Sie teilen Ihr Fachwissen als Experte mit den Medien – und im besten Fall wird die Redaktion auf Sie als Interviewpartner zurückkommen.

Wenn Sie selbst einen Gastbeitrag anbieten wollen, sollten Sie zuvor mit dem zuständigen Redakteur sprechen. Ist er interessiert, schicken Sie ihm eine Kurzfassung Ihrer Idee. Stellen Sie heraus, warum der Beitrag für die Leser interessant sein könnte. Ein solches Exposé sollte kurz sein und auf den Punkt kommen. Bereiten Sie Ihr Expertenwissen verständlich auf und versehen Sie es mit einer Überschrift, die den Leser in den Text hineinzieht.

Tipp

Wenn Sie in den Medien präsent sind, etwa mit einem Fachbeitrag oder als Experte in einem Interview, lassen Sie es Ihre Kunden wissen. Zum Beispiel mit einer nett getexteten E-Mail oder mit einem Hinweis auf Ihrer Homepage. Natürlich können Sie – sofern vorhanden – Ihr Blog oder Twitter dazu nutzen, auf die Veröffentlichung aufmerksam zu machen.

Know-how kann man auch in Vorträgen, Workshops und Seminaren weitergeben. Im besten Fall führt dies dazu, dass Sie nicht mehr nur auf ein Standbein angewiesen sind, sondern sich ein zweites aufbauen können. Wenn Sie einen *Vortrag* halten oder an einer Podiumsdiskussion teilnehmen wollen, brauchen Sie zunächst den passenden Rahmen – etwa eine Tagung oder eine größere Veranstaltung.

Überlegen Sie dabei, welches Ihrer Themen sich auf einen solchen Kurzvortrag begrenzen lässt. Klären Sie dann, wo Sie Ihre Zielgruppe am besten erreichen können und über welche Medien. Das kann zum Beispiel eine Veranstaltung Ihrer Kammer oder Ihres Berufsverbandes sein oder das Forum einer Unternehmerorganisation. Wenn Sie Ihren Vortrag vorbereiten, achten Sie darauf, dass Sie das Thema eingrenzen – sowohl nach dem Rahmen, in dem der Vortrag stattfindet, als auch nach der vorgegebenen Zeit. Strukturieren Sie Ihre Gedanken und schreiben Sie einen Rohtext. Denken Sie daran: Nur eine Information pro Satz. Für einen Vortrag ist es am besten, sich keine ausformulierten Sätze, sondern nur Stichworte zu notieren. Auch wenn Sie sich am liebsten an Ihrem Skript festhalten möchten: Es klingt lebendiger, wenn Sie versuchen, möglichst frei zu sprechen und Ihre schriftlichen Unterlagen nur als Fundament zu nutzen. Tragen Sie sich Ihren Vortrag selbst vor – und achten Sie auf das zeitliche Limit.

Nicht jeder Vortrag muss auf einer realen Veranstaltung stattfinden, auch im Internet haben Sie die Möglichkeit, beispielsweise über Webinare, Ihr Wissen weiterzugeben. Die Teilnehmer können sich an ihrem persönlichen Computer in einem virtuellen Seminarraum einloggen und von dort aus sowohl den Referenten hören als auch seine Präsentation sehen. Über einen Chat besteht die Möglichkeit, Fragen zu stellen oder sich mit anderen Teilnehmern auszutauschen. Per Headset können die Teilnehmer und der Referent direkt miteinander kommunizieren.

So klappt das mit dem Webinar[15]

Aus dem Blog von Dorothee Köhler, Corporate Publishing für kleine und mittlere Unternehmen.
Damit ein Webinar gelingt, sollten Sie folgende Dinge beachten:
1. Für die Präsentation gilt: Bringen Sie Ihre Botschaft auf einen Punkt, eine Kernbotschaft, und finden Sie Bilder, die diese Kernbotschaft aussagekräftig und auch emotional illustrieren. Die Kernbotschaft meiner Präsentation war: Wer ein Buchprojekt

15 Köhler, Dorothee: *So klappt das mit dem Webinar,*
www.dorothee-koehler.de 2010.

erfolgreich durchziehen und sein Buch auf dem Markt platzieren will, muss sich an einen bestimmten Masterplan halten. Wer das nicht tut, wird scheitern. Als Metapher dafür habe ich den Hausbau gewählt: Auch dabei ist es wichtig, zuerst ein Fundament zu gießen, dann die Wände hochzuziehen und erst zum Schluss ein Dach darauf zu setzen. Zu banal, weil das doch jedem klar ist? In Bezug auf Buchprojekte ist das beileibe nicht so. Viele Erstautoren von Sach- und Fachbüchern schreiben erst einmal ein Manuskript, bevor sie auf Verlagssuche gehen. Sie vergessen in ihrem Mitteilungsbedürfnis, dass sie ihr Thema auch markt- und lesergerecht aufbereiten müssen. Oder recherchieren erst kurz vor der Veröffentlichung, ob es nicht schon andere Bücher zu ihrem Thema gibt, und fallen dann aus allen Wolken, weil es tatsächlich so ist.

2. Ebenfalls wichtig für die Präsentation: Setzen Sie auf die Aussagekraft der Bilder und ersparen Sie den Teilnehmern die üblichen Bullet-Point-Listen. Eine schöne Headline und maximal drei bis fünf Schlagwörter bzw. sehr kurze Botschaften pro Folie reichen. Den Rest erzählen Sie. Sie sind die Präsentation!

3. Widerstehen Sie der Versuchung, Ihren Vortragstext vorher auszuformulieren und dann abzulesen. Die Teilnehmer merken das sofort. Sie sehen es vielleicht nicht, dass Sie ablesen, aber sie hören es.

4. Ihre Stimme ist sehr wichtig – fast wie im Radio. Sprechen Sie langsam, achten Sie darauf, dass die »Bärenlaute« (»Äh«, »Öh«, »Hm«) nicht überhand nehmen. Am lehrreichsten ist es, wenn Sie sich die Aufzeichnung des Webinars hinterher anhören – da werden Ihnen die Ohren aufgehen. Abhilfe schaffen Rhetorik-Kurse.

5. Daran, dass man die Teilnehmer nicht sehen und auch nur dann hören kann, wenn sie sich gemeldet und man ihnen ein Mikrofon zugewiesen hat, muss man sich erst einmal gewöhnen. Hören alle aufmerksam zu? Rollt da einer die Augen an die Decke? Schaut der daneben lieber auf sein Smartphone als in die Präsentation? Das sind Eindrücke, die Sie in einem Webinar nicht mitbekommen. Es fühlt sich ein bisschen so an, als rede-

ten Sie mit Ihrem Monitor. Deshalb sollten Sie von Beginn an den Dialog mit den Teilnehmern suchen. Sie können das zum Beispiel tun, indem Sie sie am Ende eines Abschnittes Ihrer Präsentation fragen, ob sie alles verstanden haben – und sie bitten, für die Antwort das kleine Abstimmungstool zu nutzen, das ihnen im virtuellen Seminarraum zur Verfügung steht. Fordern Sie die Teilnehmer aber auch immer wieder explizit auf, ihre Fragen und Anmerkungen entweder in den Chat zu schreiben bzw. sich zu melden und sie mündlich zu formulieren.

6. Testen Sie vor dem eigentlichen Webinar-Termin den Zugang zum virtuellen Seminarraum sowie die Präsentation und die technischen Features. Erst dann merken Sie nämlich, ob etwas dramaturgisch oder inhaltlich nicht so aufgeht, wie Sie sich das vorher ausgedacht haben. Testen Sie vorab auch Ihr Headset!

Im Gegensatz zu Vorträgen zum Beispiel bei Fachveranstaltungen ist es bei *Seminaren* allerdings wichtig, dass Sie nicht nur inhaltlich Flagge zeigen können, sondern auch methodisch-didaktische Kompetenzen mitbringen. Dazu gehört mehr als nur die Fähigkeit, eine Präsentation zu erstellen. Sie müssen wissen, wie Sie die Teilnehmer in ein Thema hineinführen, mit Details vertraut machen, Lerneffekte erzielen und was Sie überdies dafür tun müssen, dass die Gruppenmitglieder miteinander gut auskommen. Sie sollten verschiedene Methoden kennen, um Inhalte zu vermitteln und zwischen Vortrag und Mitarbeit der Teilnehmer abwechseln. Kompetenzen, die Sie durchaus durch eigene Fortbildung erwerben können: Kurse unter dem Motto »Train the trainer« werden von vielen Einrichtungen angeboten, die Stiftung Warentest hat diese Seminare vor einiger Zeit sogar ausführlich getestet. http://www.test.de

Ihr Fachwissen, kombiniert mit didaktischem Know-how, vermittelt dann im besten Fall den Seminarteilnehmern nicht nur den Lehrstoff auf verständliche Art und Weise, sondern sorgt vor allem dafür, dass Ihr Expertenstatus weiter gefestigt wird.

6.4   Neue Marketingstrategien: Internet, Blogs und Co.

Ihr Alleinstellungsmerkmal, Ihre Spezialisierung, Ihr besonderes Know-how: All das können und sollten Sie auch im Internet präsentieren. Dort können Sie – vor allem mit dem Web 2.0 – Ihr Fachwissen weitergeben und Ihren Expertenstatus vermarkten.

Zuerst einmal gilt es, die Grundlagen der Präsentation im Internet zu klären. Dazu gehört auch die elektronische Korrespondenz: Die Signatur unter Ihrer E-Mail ist Ihre Visitenkarte. Sie sollte aussagekräftig sein und alle Angaben für die schnelle Kontaktaufnahme enthalten: Telefon- und Faxnummer sowie den Link zur eigenen Homepage. Lenken Sie den Blick auf Ihre Signatur, indem Sie ab und zu etwas verändern, zum Beispiel auf ein neues Projekt hinweisen oder das neue Blog vorstellen. Sie können die Signatur auch nutzen, um Ihren Urlaub rechtzeitig anzukündigen. Je nach Branche ist es durchaus erlaubt, hier etwas kreativer zu texten, damit die Neuigkeiten auffallen.

Der virtuelle Erstkontakt läuft meist immer noch über die Homepage. Ist ein potenzieller Kunde auf Sie aufmerksam geworden, wird er wahrscheinlich auf Ihren Internetseiten vorbeischauen. Gut, wenn die Homepage dann die Entscheidung für den Auftraggeber leicht macht. Immer öfter werden Dienstleister direkt über das Internet gesucht. Beispiel Steuerberater: Das gedruckte Branchenbuch hat ausgedient, der potenzielle Mandant geht in die virtuelle Suchmaschine, um seinen Berater zu finden. Mehr als 800 000 Suchanfragen aus ganz Deutschland allein für das Suchwort »Steuerberater« leitet der Marktführer Google Monat für Monat weiter. Selbst im regionalen Bereich gibt es noch mehrere tausend Suchanfragen – pro Stadt und Monat. Wer hier über einen Webauftritt verfügt, hat den Konkurrenten etwas voraus. Aber über eine Suchmaschine gefunden zu werden, reicht allein nicht aus. Klickt der Besucher auf die Internetseiten der Kanzlei und findet nicht das, was er sucht, ist er schnell wieder weg.

Die Entscheidung für oder gegen einen Anbieter steht und fällt mit dem ersten Eindruck – im Internet in den ersten zehn Sekunden, die ein Nutzer auf einer Homepage verbringt. Und dieser erste Eindruck ist auch im Internet ausschlaggebend dafür, ob jemand einen Auftrag erteilt oder nicht. Dies gilt selbstverständlich auch für andere Branchen. Die Homepage sollte so angelegt sein, dass er die potenziellen

Auftraggeber anspricht, ihnen die gewünschten Informationen und schnelle Kontaktaufnahme bietet. Und natürlich zählen individuelle Argumente, warum ein Kunde sich für einen Dienstleister entscheidet. Daher interessiert häufig die Person, die hinter der Homepage steht – zum Beispiel präsentiert durch ein sympathisches Foto.

Tipp

Unabhängig davon, in welcher Form Sie im Internet präsent sind: Sie müssen wissen, wo Sie zitiert, genannt und verlinkt werden. Setzen Sie daher einen so genannten Google Alert nicht nur auf Ihren Namen, sondern auch auf die Domains Ihrer Homepage und Ihres Blogs. In der Suchmaschine Google können Sie dies so einrichten, dass Sie immer dann eine E-Mail mit dem entsprechenden Link geschickt bekommen, wenn Ihr Name oder Ihre Domain erwähnt wird. Auf diese Weise können Sie verfolgen, welchen Effekt Ihre Online-Aktivitäten haben.

Mit folgender Checkliste können Sie überprüfen, ob Ihr Internetauftritt noch zeitgemäß ist oder ob Sie über einen Relaunch nachdenken sollten:

1. Was will ich mit dem Internetauftritt erreichen?
2. Was ist wirklich wesentlich?
3. Entspricht meine Homepage aktuellen Standards?
4. Wie sieht mein Auftritt im Vergleich zur Konkurrenz aus, was fällt dort positiv oder negativ auf?
5. Spiegelt der Internetauftritt das Besondere meines Unternehmens, die persönliche Identität wider?
6. In welcher Situation befindet sich der Besucher meiner Homepage?
7. Welche Inhalte suchen potenzielle Auftraggeber?
8. Was brauchen sie, um sich für mein Angebot zu entscheiden?
9. Sind Menüführung und Texte auf die potenzielle Kundschaft und ihre Interessen zugeschnitten?
10. Hat der Besucher meiner Homepage jederzeit und überall die Möglichkeit, Kontakt aufzunehmen?

Zeigen Sie auch im Internet, was Sie anders und besser machen als die Konkurrenz; präsentieren Sie Ihr Alleinstellungsmerkmal, Referenzen, Kundenempfehlungen. Setzen Sie nicht auf Selbstgebasteltes, sondern auf Qualität – auch in der Gestaltung – und beauftragen Sie einen professionellen Dienstleister mit Webdesign und Programmierung.

Eine gute Webpräsenz hilft Ihnen, mit Kunden ins Gespräch zu kommen. Es ist das Schaufenster Ihres Unternehmens. Wie Sie im Netz präsent sind, ist aber im Grunde Ihnen überlassen. Sie können statt oder zusätzlich zu einer Homepage auch ein Blog oder andere Formen des Web 2.0 wählen. Wichtig ist, dass Ihre Präsenz im Internet auf Ihre Kunden und deren Bedürfnisse zugeschnitten ist.

Die Medien des Web 2.0 können zum Beispiel als Gucklöcher auf Ihre Expertise fungieren oder virtuelle Mund-zu-Mund-Propaganda für Ihr Unternehmen machen. In jedem Fall sind Blogs, Twitter und Co. ein ideales Instrument, um

- Ihr Unternehmen bekannter zu machen,
- Ihr Fachwissen zu vermarkten,
- Sie als Person authentischer zu machen und
- mit Ihren Kunden in Kontakt zu treten oder zu bleiben.

Ein Blog spiegelt nicht nur Ihr Fachwissen wider, sondern auch Ihren persönlichen Stil und Ihre Herangehensweise an die Probleme Ihrer Kunden. Sie können daher Ihr Blog als Vehikel für Inhalte nutzen, als Notizbuch oder als Werkstatt. Wenn Sie sich für ein Blog entscheiden, müssen Sie allerdings nicht nur Spaß an der Sache haben, sondern auch Zeit dafür investieren. Denn ein Blog sollte regelmäßig aktualisiert werden. Ob Sie das nun im Wochen- oder im Monatsrhythmus tun, bleibt Ihnen überlassen. Hier einige Tipps, wie das Bloggen leicht von der Hand geht:

- Nutzen Sie ein leicht bedienbares Content-Management-System, damit Sie selbst Ihr Blog pflegen können. Gegebenenfalls können Sie sich von einem Webentwickler kurz schulen lassen.
- Geben Sie Ihrem Blog ein unverwechselbares Design, das Ihr Web-Tagebuch von dem anderer Dienstleister unterscheidet. Sie können Ihr Blog auch als Unterfunktion Ihrer Homepage führen – und dann das Layout entsprechend anpassen.
- Strukturieren Sie mit klaren Kategorien Ihr Blog, um das Interesse potenzieller Leser besser zu leiten. Dazu dient auch die

Schlagwörter-Wolke, die in Systemen wie WordPress automatisch eingebaut ist.

- Schreiben Sie kurze Beiträge mit Mehrwert, die schnell und ohne Scrollen gelesen werden können. Und berichten Sie nichts, was schon lange im Internet steht, denn hier gilt noch mehr als anderswo in den Medien: Nichts ist so alt wie die Nachricht von gestern.
- Lassen Sie Kommentare zu, damit Sie mit Ihrem Gegenüber im Netz in Kontakt treten können. Dazu gehört natürlich auch, dass Sie auf Kommentare reagieren.
- Verlinken Sie in Ihren Beiträgen und in Ihrer Blogroll – verweisen Sie also auf andere, themenverwandte Blogs.
- Kommentieren Sie Beiträge in anderen Blogs. Auf diese Weise bleiben Sie im gleichen Medium mit Ihrer Branche in Verbindung – und können zugleich Ihr Fachwissen an anderer Stelle teilen.
- Machen Sie Ihr Blog bekannt, zum Beispiel durch Querverweise auf Ihrer Homepage, in Ihrer Signatur oder über Twitter. Bauen Sie Leisten ein, mit denen Ihre Beiträge auf Facebook und Twitter empfohlen werden können.
- Verzichten Sie auf direkte Werbung. Diese will niemand lesen.
- Zum Schluss das Wichtigste: Bleiben Sie dran. Die meisten Blogs werden kaum gepflegt – so können Sie sich durch Aktualität und Regelmäßigkeit in ein gutes Bild setzen.

Ein gut betreutes Blog schärft nicht nur Ihr Expertenprofil, sondern bindet auch Leser – und damit mögliche Kunden oder Empfehler. Und es sorgt im besten Fall für eine gute Platzierung in Suchmaschinen.

Zahlreiche gute Tipps zum Bloggen finden Sie natürlich im Internet, zum Beispiel auf den Seiten des Blogprojekts: http://www.blogprojekt.de oder im Unternehmensportal des Bundeswirtschaftsministeriums http://www.bmwi-unternehmensportal.de

Blogs funktionieren dann besonders gut, wenn sie mit anderen Social Media vernetzt sind. Zum Beispiel Twitter: Twitter ist ein kostenloses Mikroblog, in dem Textnachrichten mit einer Länge von maximal 140 Zeichen verbreitet werden können, inklusive möglicher Links zu anderen Webseiten, Bildern oder Videos. Twitter ist ein Instrument, das sowohl ausschließlich beruflich als auch höchst privat genutzt werden kann. Wie und ob Sie Twitter nutzen, hängt von Ihren persönlichen Vorlieben ab. Wichtig ist, dass Sie vor Augen haben, dass Twitter – ähnlich wie andere Social Media – ein Kommunikationskanal ist und der berufliche Effekt davon abhängt, *wie* Sie Twitter nutzen. Die deutsche Bedeutung von »tweet« – zwitschern – trifft die Kurzkommunikation, die bei Twitter vorherrscht, auf den Punkt: Mit kurzen Aussagen – von der eigenen Befindlichkeit über interessante Links bis hin zu Verweisen auf Blogbeiträge oder eigener Meinungsäußerung – machen Sie sich hier viel greifbarer als in anderen elektronischen Medien. Es geht ungezwungen zu – und genau das ist die Herangehensweise, die ich Neulingen bei Twitter empfehlen würde: Probieren Sie es einfach aus. Und schauen Sie, ob es Ihnen liegt oder nicht.

Damit Sie sich bei Twitter gut zurechtfinden und diesen Kommunikationskanal sinnvoll nutzen, finden Sie hier einige Tipps für das berufliche Zwitschern:

- Twittern Sie originell und authentisch. So werden Sie wahrgenommen und andere werden Ihnen folgen.
- Setzen Sie auf Regelmäßigkeit und seien Sie präsent. Auch das hebt Sie von der Masse ab.
- Die Zahl der Follower (das sind die Menschen, die Ihren Äußerungen folgen und diese lesen) allein ist nicht aussagekräftig. Wichtig ist, dass Sie Kontakte in Ihrer Zielgruppe finden und pflegen.
- Und auch bei Twitter gilt: Setzen Sie auf Service und Information statt auf Werbung. Teilen Sie einen Nutzwert mit Ihren Followern.
- Suchen Sie selbst Kontakte in der Branche und kommen Sie ins Gespräch. Bringen Sie sich in Diskussionen ein.
- Machen Sie Ihre Twitter-Adresse bekannt, vielleicht über einen Hinweis in der E-Mail-Signatur oder in Ihrem Blog.

Facebook ist ein soziales Netzwerk mit einer komplexen Plattform, auf der sich Benutzer mit Profilseiten präsentieren können. Auf Profil-Pinnwänden können Besucher Nachrichten hinterlassen, auch Blogs können veröffentlicht werden. Zudem gibt es die Möglichkeit, sich zu Gruppen zusammenzuschließen oder Firmenseiten anzulegen. Wie bei den anderen Social Media gilt auch hier: Facebook lebt von den Beiträgen der Nutzer, regelmäßige Aktivität ist daher erforderlich – und gegebenenfalls sogar zeitnahe Reaktionen auf Anfragen von Interessenten auf den Firmenseiten.

Tipp

Facebook stellt Anwender – insbesondere Unternehmen – vor rechtliche Anforderungen, die sich in Teilen von anderen Arten der Vermarktung unterscheidet. Die Rechtsanwälte Thomas Schwenke und Sebastian Dramburg beschäftigen sich mit diesen Rechtsfragen nicht nur in ihrer Kanzlei, sondern auch in ihrem Blog. Dort finden Sie unter anderem ein kostenloses E-Book zum Download, das neben urheberrechtlichen Fragen die hauseigenen Facebookregeln, die Facebooksanktionen sowie die Anforderungen an schnelle Reaktion und Kommunikation erklärt und aufzeigt, wo die häufigsten Rechtsfehler lauern und wie sie vermieden werden können. http://www.spreerecht.de

XING ist eine Netzwerk-Plattform, allerdings überwiegend für den geschäftlichen Bereich. Es gibt die Möglichkeit, Personen- und Firmenprofile zu erstellen, mit anderen Mitgliedern in Kontakt zu treten und in Foren zu kommunizieren. Die Plattform LinkedIn funktioniert ähnlich wie XING.

Vergessen Sie – gerade bei Äußerungen von Meinungen und Befindlichkeiten auf Twitter und Co. – aber nicht, dass das Netz nichts vergisst. Achten Sie also darauf, dass Sie sich im Internet genauso geben, wie Sie im realen Leben agieren würden. Und für den geschäftlichen Part heißt das: Lassen Sie allzu private Aussagen lieber offline. Und bleiben Sie authentisch.

Die Expertenmeinung – Constanze Hacke im Gespräch mit ...

... Dr. Kerstin Hoffmann, Kommunikationsberaterin für klassische PR und die neuen Medien des Social Web, Tönisvorst

Constanze Hacke: Muss man als Freiberufler unbedingt die so genannten Social Media nutzen, kann man sich da womöglich gar nicht heraushalten?

Kerstin Hoffmann: »Müssen« gilt nicht. Grundsätzlich sollte jeder die Kommunikationsformen nutzen, die ihm am meisten liegen und die ihm oder ihr Spaß machen. Dinge, die Ihnen Energie geben und die Sie freudig tun, helfen Ihnen, eigene Ziele zu erreichen. Etwas, zu dem Sie sich widerwillig zwingen, wird Ihnen wenig bis nichts bringen – selbst wenn andere mit den gleichen Medien und Maßnahmen sehr erfolgreich sind.

Die gute Nachricht: »Das« Social Web sieht nur von außen homogen aus, und Vorurteile diesen Medien gegenüber und Ängste sind sehr oft von Fehlwahrnehmungen oder vom Hörensagen geprägt. Sie würden ja auch nicht Partys generell für unseriöse, abstoßende oder uninteressante Veranstaltungen halten, nur weil Sie einmal auf einer sehr schlechten Party gewesen sind.

Natürlich folgt das Social Web eigenen Gesetzmäßigkeiten und diese sollte man kennen, bevor man sich darauf einlässt. Sehr weit kommt man aber einfach schon mit gesundem Menschenverstand und mit der Bereitschaft, erst einmal zuzuhören und gut zu beobachten, bevor man aktiv wird.

Constanze Hacke: Wie kann ich denn dann herausfinden, ob Social Media etwas für mich sind oder ob ich lieber anders akquiriere?

Kerstin Hoffmann: Es gibt Akquise-Strategien, die ganz ohne Social Media hervorragend funktionieren. Umgekehrt sind Social Media alles andere als reine, geradlinige Akquise-Kanäle. Allerdings verändert sich das Kommunikationsverhalten von Menschen. Technik entwickelt sich eben weiter. Es gibt auch noch Freiberufler, die ohne E-Mail auskommen. Das wird aber zusehends schwieriger. Ohne Telefon geht es gar nicht mehr; und auch da hat es Zeiten gegeben, in denen sich Menschen geweigert haben, es zu nutzen – und eine gewisse Zeit lang hat das ja sogar funktioniert.

Es sollte ja auch kein Entweder-Oder sein. Viele Menschen, die behaupten, sie würden »das Web 2.0« ablehnen, bestellen Dinge online, informieren sich auf Bewertungsplattformen über ihr Urlaubshotel oder schauen Dinge bei Wikipedia nach. Sie sind also längst drin; sie nehmen es nur anders wahr.

Ich will niemanden überzeugen, der sich partout nicht ins Social Web begeben will. Aber ich rege dazu an, sich die Sache mit spielerischer Neugier zumindest einmal anzuschauen.

Constanze Hacke: Welche Medien sollte man bespielen – und welche vielleicht auch nicht?

Kerstin Hoffmann: Das kann ich überhaupt nicht pauschal sagen. Der eine wird vielleicht erst einmal nur Social Bookmarking nutzen, also interessante Websites auf einer Online-Plattform ablegen. Der andere ist womöglich in einer Branche, in der die meisten Wettbewerber bereits eine Facebook-Seite haben, und will daher möglichst schnell einsteigen.

Social Networks sind realen Netzwerken sehr ähnlich und fast jeder kann hier die Nische finden, die dem eigenen Kommunikationsverhalten entspricht – und vor allem auch seine ganz eigenen Formen der Interaktion entwickeln.

Wichtiger als die Frage nach den Medien ist diejenige nach den eigenen Zielen, nach den Zielgruppen und danach, welche Botschaften Sie auf welche Weise möglichst zielgerichtet verbreiten wollen. Präsenz in einem Medium, gleich in welchem, ist ja noch kein Wert an sich. Mit allem, was ich publiziere, ins Netz stelle, meinen Bezugsgruppen anbiete, verfolge ich ja irgendwelche Ziele. Sollte ich zumindest. Daran orientiert sich auch die Kommunikation im Social Web.

Constanze Hacke: Gibt es bessere oder schlechtere Social-Media-Formen für bestimmte Freiberufler-Branchen?

Kerstin Hoffmann: Nein, nicht grundsätzlich. Es gibt ein paar Dinge, die bestimmte Berufsgruppen unbedingt oder überhaupt nicht tun sollten. Aber das kann man nur im Einzelfall entscheiden.

Auch wandeln sich die Medien und ihre Gewichtung sehr schnell. Facebook hat heute eine ganz andere Bedeutung als noch vor wenigen Jahren. Neue Angebote wie Google+ werfen bisherige Workflows über den Haufen.

Entscheidend sind in erster Linie die Inhalte: »Content rules«. Und viel wichtiger als die externen Plattformen sind in dem Bereich, von dem wir hier sprechen, zunächst einmal die eigenen Medien. Was nützt es, allerorten auf sich aufmerksam zu machen – und wenn die Interessenten dann Ihre Website besuchen, finden sie dort nichts, was sie interessiert?

Constanze Hacke: Gibt es aus Ihrer Sicht Dos and Don'ts für den Einsatz von Twitter und Co.?

Kerstin Hoffmann: Für die Dos gilt, den gesunden Menschenverstand einzusetzen, erst informieren, dann agieren. Alles, was dagegen auch im richtigen Leben nicht integer, nicht wertschätzend, nicht authentisch ist, zählt zu den Don'ts.

Constanze Hacke: Für welche Zwecke kann ich Foren wie XING oder Facebook nutzen – Marketing, Akquise oder völlig ungezielt?

Kerstin Hoffmann: Das hängt sehr von der eigenen Kommunikationsstrategie ab und auch davon, wen man erreichen will. Netzwerke sind zunächst eben vor allem: Netzwerke. Das bedeutet: Direkte Akquise wird dort wahrscheinlich nicht so erfolgreich sein wie aktiver, wertschätzender Austausch. Aber so individuell, wie sich Menschen im realen Geschäftsleben verhalten, so tun sie das auch im Social Web. Wenn das gut durchdacht geschieht, werden sie damit auch die Richtigen interessieren.

Constanze Hacke: Regelmäßigkeit ist auch in den Social Media Trumpf. Aber wie regelmäßig muss ich twittern oder bloggen, gibt es dafür Faustformeln?

Kerstin Hoffmann: Ich kenne keine solchen Faustformeln, und es liegt in der Natur allgemeiner Regeln, dass sie wenig über den Einzelfall aussagen. Ungünstig ist es aber so gut wie immer, engagiert und mit viel Aufwand zu starten und dann nach kurzer Zeit nachzulassen. Besser ist es, langsam und nachhaltig aufzubauen. Wie viel Präsenz Sie brauchen, um Wahrnehmungsschwellen zu überschreiten, können Sie am besten selbst ausprobieren. Die Resonanz im Social Web ist ja ziemlich direkt und unmittelbar zu sehen.

Constanze Hacke: Stichwort Social Media Monitoring: Kann ich den Erfolg meiner Social-Media-Aktivitäten messen?

Kerstin Hoffmann: Ja, dazu gibt es viele Plattformen, Angebote und Messzahlen. Gutes Monitoring, inhaltlich und zahlenmäßig, ist unerlässlich. Dafür gibt es Fachleute, und bei diesen sollte man sich auch informieren.

Nicht alles ist allerdings messbar und man muss die Werte immer in Relation sehen. Das sagt mehr aus als absolute Zahlen. Der eine hat vielleicht 2 000 Besucher am Tag im Blog, bekommt aber nur eine Anfrage eines Interessenten pro Woche. Der andere bedient ein Spezialthema, hat nur 200 Besucher, erreicht aber seine Bezugsgruppe sehr genau. Bestimmte Formen der Resonanz oder die Art von Kommentaren kann man nicht quantifizieren. Gleichwohl bekommt man mit der Zeit ein gutes Gefühl dafür.

Constanze Hacke: Ihr Tipp für Einsteiger in die Welt der Social Media?

Kerstin Hoffmann: Schauen Sie sich einfach einmal an, von welchen Angeboten Sie sich intuitiv angezogen fühlen. Und dann: lesen, beobachten, zuhören. Wenn Sie ein Gefühl dafür bekommen haben, wie die Party läuft, dann steigen Sie in das Gespräch ein.

Wenn Sie Social-Media-Kommunikation in Ihrem Marketing und in Ihrer Werbe- und PR-Strategie einsetzen wollen, dann gilt, was für jegliche professionelle Kommunikation gilt: Ist das nicht Ihr Beruf, sollten Sie sich Unterstützung von einem Profi holen.

7
Profis mit Nachwuchs:
Selbstständigkeit mit Kindern

Für freiberufliche Mütter und Väter ist die Selbstständigkeit eine besondere Herausforderung: Selbst und ständig funktioniert eben nicht mehr, vor allem, wenn die Kinderbetreuung fehlt, das Kind krank ist oder man selbst auf Reserve läuft. Ist es realistisch, mit Kind Profi-Freiberufler zu bleiben? Wie sieht es mit der Kontinuität aus? Wie finden selbstständige Mütter (und Väter) wieder zurück in die Professionalität? Wie kann langfristig ein effektives Arbeiten organisiert werden?

Manche Freiberufler sind bereits mit Kindern in die Selbstständigkeit gegangen, andere haben den Zeitpunkt der Schwangerschaft genutzt, um beruflich eine neue Existenz zu gründen. Andere Freiberufler wiederum beschließen erst nach einigen Jahren der Selbstständigkeit, Kinder zu bekommen. Das Geschäft läuft nun, die persönliche Situation hat sich vielleicht ebenfalls entsprechend entwickelt, und nun ist die Zeit da, sich die eigenen Wünsche nach einer Familie zu erfüllen. In welcher Situation Sie sich auch immer befinden: Die Tätigkeit als Freiberufler wird nun zum Dauer-Spagat: die Kombination aus dem Wunsch nach Professionalität und dem Anspruch an die eigene Arbeit auf der einen Seite und den Bedürfnissen der Kinder und dem stets pochenden schlechten Gewissen auf der anderen Seite – das alles bringt viele Frauen und so manchen Mann an den Rand des Burn-outs.

Daher ist es wichtig, von vorneherein im Beruf weiterhin professionell zu agieren. Dazu gehören das Planen mit großzügigen Puffern, Lösungen für Notfallszenarien und – soweit möglich – das Spannen eines finanziellen Sicherungsnetzes. Dazu zählen aber auch Gelassenheit und der Abschied davon, im Privatleben alles hundertprozentig perfekt gestalten zu wollen. Entscheidend aber ist, dass selbstständige Eltern ihre Kinder und ihren Beruf als das begreifen, was es ist: als eine Bereicherung.

7.1 Professionell als Working Mum: Selbst- und Außendarstellung

Der Neustart in die Selbstständigkeit *mit* Kindern beginnt häufig schon gegen Ende der Schwangerschaft. Zwar gelten für Freiberuflerinnen nicht die gesetzlichen Schutzfristen von sechs Wochen vor der Geburt bis acht Wochen danach – zumindest nicht in der Hinsicht, dass sie dann ihre Arbeit ruhen lassen müssten. Aber in dieser Zeit macht sich so manche werdende Mutter Gedanken darüber, wie es mit Kind und Unternehmen weitergehen soll. Sicherlich wird manch eine/r einwenden, dass diese Art von Planung fürs Kind realitätsfremd ist – schließlich sei ja nicht voraussehbar, wie sich das Leben mit Kind gestalten werde und wie mit den eigenen Kräften gehaushaltet werden könne.

Aus eigener Erfahrung kann ich Ihnen jedoch nur raten: Planen Sie soviel wie möglich noch in der Schwangerschaft. Überprüfen Sie, ob Sie Mutterschaftsgeld erhalten können und füllen Sie Anträge auf Kindergeld und Elterngeld soweit wie möglich schon aus. Die Formulare dafür können Sie sich im Internet herunterladen. Informieren Sie sich über die Möglichkeiten der späteren Kinderbetreuung und denken Sie auch über Szenarien für Notfälle nach. Gerade in den ersten Wochen nach der Geburt werden Sie sehr mit Ihrem Kind und sich beschäftigt sein – und womöglich körperlich nicht fit genug, um derartige Formalien zu erledigen.

Erklärstück: Mutterschutz für Freiberuflerinnen

Im Mutterschutzgesetz sind die Schutzfristen für die Zeit vor und nach der Geburt festgelegt. Sechs Wochen vor der Geburt sowie acht Wochen danach dürfen Schwangere bzw. Mütter nicht arbeiten; bei Früh- und Mehrlingsgeburten gilt die Schutzfrist nach der Entbindung sogar zwölf Wochen lang. Diese Regelung gilt vor allem für Angestellte, für Freiberuflerinnen ist sie aus zweierlei Gründen wichtig: Zum einen sollten Sie sich darauf einstellen, dass Sie in dieser Zeit möglicherweise nicht oder nicht so viel wie unter bisherigen Umständen arbeiten können. Kalkulieren Sie also sicherheitshalber ein, dass Sie Ihre Arbeit in dieser Zeit zurückschrauben oder womöglich ganz einstellen müssen. Zum anderen ist diese Frist relevant für die Berechnung des Mutterschaftsgeldes.

Mutterschaftsgeld ist eine Leistung der gesetzlichen Krankenversicherung. Sind Sie als Freiberuflerin in einer gesetzlichen Krankenkasse freiwillig versichert, müssen Sie zuvor entweder den höheren Normalbeitrag von 15,5 Prozent zahlen oder einen Wahltarif Krankengeld abschließen, um Mutterschaftsgeld zu erhalten. Sind Sie als Freiberuflerin über die Künstlersozialkasse in einer gesetzlichen Krankenkasse pflichtversichert, erhalten Sie Mutterschaftsgeld. Die Leistung, die übrigens steuer- und sozialabgabenfrei ist, beläuft sich auf 70 Prozent des erzielten regelmäßigen Arbeitseinkommens. Zu beachten ist jedoch, dass bei freiwilliger Versicherung in einer gesetzlichen Krankenversicherung auch während des Bezugs von Mutterschaftsgeld ein Mindestbeitrag zur Rente-, Pflege- und Krankenversicherung zu entrichten ist. Das Mutterschaftsgeld wird im Übrigen auf das Elterngeld angerechnet. Private Krankenversicherungen zahlen kein Mutterschaftsgeld. Je nach individuellem Vertrag gibt es aber ein einmaliges Entbindungsgeld, das nicht auf das Elterngeld angerechnet wird.

Wie lange Sie sich als Mutter eine Auszeit von Ihrer Selbstständigkeit nehmen wollen, ist auch für die Kommunikation mit Ihren Kunden entscheidend. Und als werdender selbstständiger Vater sollten Sie darüber nachdenken, ob Ihre Frau oder Sie die erste Zeit mit dem Kind verbringen möchten. Manche Frau steigt schon nach einigen Wochen oder Monaten wieder ins Unternehmen ein, andere nehmen sich ein Jahr oder mehrere Jahre Auszeit. Ähnliches gilt natürlich für selbstständige Väter, die ihre Zeit in die Betreuung des Kindes investieren möchten. Wofür Sie sich auch entscheiden: Sie sollten

Mehr Informationen zum Thema finanzielle Unterstützung für Familien finden Sie im Unterkapitel 7.3 auf S. 193.

Ihren Kunden die Länge Ihrer Elternzeit klar und frühzeitig mitteilen. Dies ist Bestandteil Ihrer professionellen Kommunikation nach außen. Und wenn Sie sich für eine Auszeit entscheiden, sorgen Sie dafür, dass Ihre Auftraggeber – zum Beispiel über Kollegen aus Ihrem Netzwerk – weiterhin kompetent und zuverlässig bedient werden.

Sie können Ihre Kunden zum Beispiel per E-Mail oder telefonisch über die neue Situation informieren. Oder Sie gestalten ein nettes Mailing, um Ihre Auftraggeber darauf vorzubereiten, was sie erwartet. Hier ein Beispiel dafür, wie der Text dazu aussehen könnte:

Liebe Frau XY,

da ich Ende Mai Nachwuchs erwarte, möchte ich mich zum 1. Mai für ein gutes Vierteljahr in die Elternzeit verabschieden.

Ich möchte mich an dieser Stelle für die bisherige gute und konstruktive Zusammenarbeit bedanken und hoffe sehr, dass wir daran auch wieder anknüpfen können. Aller Voraussicht nach werde ich ab dem 1. Oktober 2012 wieder regelmäßig an den Schreibtisch zurückkehren.

All Ihre Fragen und Anliegen, die Sie bisher an mich gerichtet haben, werden selbstverständlich weiterhin beantwortet. Für die Erledigung anstehender Aufträge habe ich für die Zeit bis zum Herbst ein kompetentes und eingespieltes Team zusammengestellt. Bitte wenden Sie sich dazu jederzeit an mein Büro unter der Telefonnummer (xxyy) xxxyyy oder an meine Mail-Adresse xy@musterfrau.de.

Meine Mitarbeiterinnen werden Ihr Anliegen entgegennehmen und nach meinen Vorgaben weiterleiten.

Ab Oktober stehe ich Ihnen dann wieder wie gewohnt persönlich zur Verfügung.

Beste Grüße

Ob Sie Ihre Kunden über die Geburt Ihres Kindes informieren möchten, hängt oft von der persönlichen Beziehung zu Ihren Auftraggebern ab. Es schadet Ihrem professionellen Auftreten in der Regel nicht, wenn Sie es hier ein wenig menscheln lassen. Wählen Sie aber genau aus, wem Sie eine Geburtsanzeige schicken und wie diese gestaltet ist; Sie beschreiten hier einen schmalen Grat zwischen professioneller Freundlichkeit und kumpelhaftem Auftreten. Im besten Fall bekommen Sie von Ihren Kunden einen bunten Blumenstrauß ins Krankenhaus geschickt, im schlimmsten Fall hält Ihr Auftraggeber Sie für aufdringlich.

Wichtig ist es darüber hinaus, dass Sie sich für Ihre beruflichen Pläne nach der Geburt ein Netzwerk schaffen, an das Sie Aufträge untervergeben können. Sprechen Sie zum Beispiel mit einem befreundeten Steuerberater oder Anwalt, ob die Kollegen während Ihrer Auszeit Mandate mitbetreuen können. Fragen Sie eine Heilpraktikerin aus Ihrem beruflichen Netzwerk, ob Sie sie als Vertretung für diese befristete Zeit angeben dürfen. Überlegen Sie gemeinsam mit Übersetzern, denen Sie schon einmal einen Auftrag weitergeleitet haben, ob diese Sie in Ihrer persönlichen Elternzeit unterstützen können. Für solche Netzwerklösungen bedarf es mehrerer Voraussetzungen:

- Sie müssen die Qualität der Arbeit Ihrer Kollegen kennen.
- Ihre Vertretung muss zuverlässig sein.
- Sie müssen Ihrem Netzwerk vertrauen können, dass Ihnen nicht Kunden abgeworben werden.
- Ihre Kunden müssen die Netzwerklösung akzeptieren.

Über die ersten beiden Punkte können Sie sich am besten vergewissern, wenn Sie mit den Kollegen schon vorher zusammengearbeitet haben. Achtung: Gehen Sie auf keinen Fall mit beruflichen Partnern ins Rennen, deren Arbeit Sie nicht einschätzen können: Die unter Umständen schlechtere Qualität der Leistung fällt auf Sie zurück und Sie verlieren im schlimmsten Fall dadurch Kunden. Testen Sie also Ihre Vertretung, lassen Sie vielleicht im Vorfeld der eigentlichen Zusammenarbeit einen Probeauftrag erledigen. Und briefen Sie Ihren Kollegen: Denn manchmal liegt es an mangelnden präzisen Arbeitsanweisungen, wenn ein Auftrag nicht gut erledigt wurde. Ein aussagekräftiges und klar strukturiertes Briefing dagegen sorgt dafür, dass das gemeinsame Projekt gelingt. Je mehr detaillierte Informationen Sie Ihrem Partner zukommen lassen, desto weniger Missverständnisse und Fehler treten auf. Die Grundfrage bei einem Briefing lautet: Wer soll was mit wem und bis wann für wen mit welchem Aufwand und mit welchem Ergebnis tun? Ein Briefing – am besten in schriftlicher Form – fasst alle wichtigen Informationen zusammen, um dann als Arbeitsgrundlage für alle Projektbeteiligten zu dienen.

Stellen Sie sich außerdem die Frage, ob Ihr Netzwerkpartner direkt mit Ihrem Kunden kommunizieren sollte oder ob Sie weiterhin die Koordination übernehmen wollen. Für Letzteres spricht, dass Sie gegenüber Ihrem Auftraggeber weiterhin in Erscheinung treten und die Fäden in der Hand halten. Vergessen Sie allerdings nicht, dass eine solche Koordination auch Arbeitszeit (und Konzentration) in Anspruch nimmt, die Sie vielleicht am Anfang noch nicht in dem Maße zur Verfügung haben. Entscheidend ist, dass Ihre Auftraggeber Ihre Netzwerklösung akzeptieren – ganz unabhängig von Ihrer internen Gestaltung. Und inwieweit Sie Ihr Netzwerk in Ihre Aufträge mit einbinden, hängt natürlich auch von finanziellen Kriterien ab. Aus diesem Grund ist es notwendig, dass Sie für die erste Zeit eine neue Kalkulation aufstellen. Diese muss berücksichtigen, dass Sie sehr viel weniger bis gar keine Arbeitszeit einbringen können, dafür aber mehr Kosten für andere Dienstleister aufwenden müssen.

Mehr Informationen zum Thema Kalkulation finden Sie in Kapitel 2 ab S. 32

Eine Alternative oder Ergänzung zum Arbeiten im Netzwerk ist die Einbindung freier Mitarbeiter für weniger produktive Tätigkeiten. In der Steuerkanzlei kann Ihnen vielleicht eine freie Bilanzbuchhalterin die Abrechnung von Löhnen abnehmen, eine studentische Hilfskraft kann eine freiberufliche Journalistin bei der Recherche unterstützen. Hier gilt das Motto: Was keine strategische Kernkompetenz ist, kann ab- und untervergeben werden. Allerdings sollten Sie auch hier die finanzielle Seite im Auge behalten: Es muss sich für Sie immer noch lohnen, dass Sie diese Tätigkeiten nicht selbst erledigen. Am Ende muss also für Sie so viel übrig bleiben, dass Ihr Gewinn nicht leidet. Das gefundene Netzwerk und Ihre freien Mitarbeiter werden im besten Fall in den kommenden Jahren zu einem guten Backup für Sie, denn auf Notfallszenarien werden Sie mit Kind immer wieder angewiesen sein.

Mehr Informationen zum Thema Notfallszenarien finden Sie in Unterkapitel 7.4 ab S. 195

Eine Frage, die sich selbstständige Eltern immer wieder stellen, lautet: Kann und darf ich meine Kinder beim Kunden zum Thema machen – oder soll ich sie lieber verschweigen? Auf diese Frage gibt es sicherlich keine allgemeingültige Antwort. Zur professionellen Kommunikation mit den Auftraggebern gehört es, sie über bevorstehende Ereignisse und sich verändernde Bürozeiten zu informieren. Später jedoch wirkt es wenig souverän, wenn Sie ständig Ihre Kinder erwähnen. Sagen Sie zum Beispiel nicht: »Termin × kann ich leider nicht wahrnehmen, da muss ich meine Tochter vom Ballett abholen«, sondern schlicht »Der Zeitpunkt, den Sie vorgeschlagen haben, passt leider schlecht, weil ich dann bereits einen anderen Termin wahrnehmen muss.« Sie »verheimlichen« damit nicht Ihre Kinder, sondern Sie trennen Berufliches und Privates strikt voneinander. Auch das gehört zur Professionalität. Denn wenn Sie diese Bereiche nicht ständig vermischen, werden Sie feststellen, dass Sie von Ihren Kunden viel mehr Verständnis für Ausnahmesituationen ernten – etwa, wenn die Kinder krank sind und Sie Projekte verschieben müssen. Fazit: Sie müssen Ihre Kinder gegenüber Ihren Kunden nicht verleugnen, Sie sollten sie aber auch nicht ständig als Argument ins Feld führen, wenn es mal wieder nicht so läuft wie geplant. Seien Sie authentisch und professionell zugleich.

Meiner Erfahrung nach ist es für selbstständige Eltern auch in anderer Hinsicht hilfreich, wenn das Kind nicht ständig gedanklich mit auf dem Schreibtisch sitzt – oder umgekehrt Sie beim Malen und Basteln nicht innerlich noch mit Ihren Aufträgen befasst sind oder gar E-Mails abrufen. Wenn Sie Beruf und Familie voneinander trennen, wird es Ihnen viel leichter fallen, Ihre Arbeitszeit effizient zu nutzen und mit Ihren Kindern die Zeit, die Sie für sie haben, intensiv zu verbringen.

7.2 Arbeitszeiten und Selbstmanagement

Mit Kind reduziert sich die Arbeit im eigenen Unternehmen meist deutlich. Vor allem Frauen werden meist auf Dauer zur Teilzeit-Selbstständigen; für alleinerziehende Selbstständige ist diese Problematik häufig noch größer, da sie mehr oder weniger allein für den finanziellen Unterhalt der Familie zuständig sind. Freiberufliche Eltern müssen nun also einen weiteren Spagat vollführen: die beschränkte Arbeitszeit auf der einen Seite, der finanzielle Notwendigkeiten und inhaltliche Bedürfnisse auf der anderen Seite gegenüberstehen. Schließlich haben Sie sich über Jahre hinweg eine selbstständige Existenz aufgebaut, Ihre Arbeit macht Ihnen weitestgehend Spaß und Ihr Kundenstamm ist bislang stabil.

Nun heißt es also: Alles auf Anfang. Noch wichtiger als zuvor ist es jetzt für Sie zu wissen, wie viel Arbeitszeit Ihnen tatsächlich zur Verfügung steht – führen Sie also weiterhin genau Buch über Ihre Stunden und ermitteln Sie, wie viel Ihnen finanziell von den jeweiligen Projekten übrig bleibt. Vergessen Sie nicht, bei den Aufwendungen für Ihre Projekte die Kosten für die Dienstleister, die Ihnen zuarbeiten, mit einzukalkulieren; mögliche Ausgaben für Kinderbetreuung sollten Sie ebenfalls einfließen lassen, um zu wissen, ob sich Ihre Arbeit lohnt.

Mehr Informationen zum Thema Stundenliste finden Sie in Kapitel 3 auf S. 76

Für viele Freiberufler fällt nun die Entscheidung zwischen externem Büro und Heimarbeit. Sicherlich können einige Freiberufler – etwa Lehrer, Anwälte oder Therapeuten – aus nachvollziehbaren Gründen nicht auf ihre Büroräumlichkeiten verzichten. Andere hingegen nutzen die Gelegenheit, ihren Arbeitsplatz nach Hause zu verlagern, um zum Beispiel Fahrtzeiten zu verkürzen oder abends sowie am Wochenende schneller an den Arbeitsplatz zu gelangen. Das jedoch kann seine Tücken haben, weil die Trennung zwischen Beruf und Privatem, zwischen Arbeit und Familie verschwimmt. Gerade wenn die Arbeitszeit limitiert ist, ist die Versuchung, sich ablenken zu lassen, groß – und sei es durch Hausarbeit. Und besonders schwierig wird es, wenn man auf Knopfdruck kreativ sein muss oder, wenn es denn endlich läuft, aufhören zu müssen.

Sie müssen also damit anfangen, die Rahmenbedingungen flexibler zu gestalten – und zugleich viel mehr planen als früher. Das bedeutet zum Beispiel, dass Sie überlegen müssen, wie viel Sie arbeiten wollen (oder auch müssen). Daran ausgerichtet sollte die Kinderbetreuung organisiert werden. Nehmen Sie sich nicht zuviel vor – in jeder Hinsicht: Haben Sie beispielsweise drei Tage Ihren Sohn in der Kinderbetreuung, verplanen Sie maximal zwei davon für Ihre Arbeit und reservieren Sie einen Tag insgesamt gerechnet als Puffer. Gehen Sie davon aus, dass stets das Unvorhergesehene eintritt:

Mehr Informationen zum Thema Kinderbetreuung finden Sie in Unterkapitel 7.4 ab S. 195

- Sie müssen ein Projekt zu Ende bringen, können aber keinen konstruktiven Gedanken fassen.
- Sie haben einen kreativen Lauf – und werden ständig durch Anrufe gestört.
- Sie haben nur wenig Arbeitszeit zur Verfügung, erhalten aber zunehmend positiven Rücklauf auf Ihre Akquisebemühungen.
- Sie haben den Schreibtisch voller Arbeit und werden durch die im Kindergarten grassierende Magen-Darm-Grippe angesteckt.
- Sie haben jetzt schon Ihre Arbeitszeit zu 90 Prozent verplant und mehrere neue Kunden winken mit interessanten Aufträgen.

Unvorhergesehenes heißt für selbstständige Eltern also nicht nur, dass die Kinder krank und sie selbst damit ebenfalls im Wortsinne arbeitsunfähig werden. Gerade weil Ihr beruflicher Tagesablauf zeitlich begrenzt ist, können sich andere Unwägbarkeiten schnell in Ihren Arbeitstag drängeln und Sie von Ihren Projekten abhalten.

Nehmen Sie also die verfügbare Arbeitszeit und teilen Sie diese gut ein; gehen Sie außerdem davon aus, dass Sie nicht regelmäßig abends und/oder am Wochenende arbeiten können. Das greift auf Dauer Ihre Gesundheit an – und außerdem wollen Sie sicherlich noch etwas von Ihrem Privatleben haben. Versuchen Sie also, auch den einzelnen Arbeitstag gut zu strukturieren. Setzen Sie sich, wenn möglich, eine feste Anfangszeit, zu der Sie am Schreibtisch sitzen, und machen Sie eine feste Mittagspause. Nutzen Sie zum Beispiel die Zeit des Leistungshochs am Vormittag, um konzentriert an Projekten zu arbeiten. Lassen Sie sich außerdem nicht auf stundenlanges E-Mail-Lesen, Telefonieren oder Twittern ein: Erledigen Sie stattdessen das Wichtigste, am besten sogar das Unangenehmste, was am jeweiligen Arbeitstag ansteht, zuerst. Danach sollten Sie in Zeitblöcken arbeiten, die Sie jeweils bestimmten Projekten widmen oder in denen Sie Ihre Korrespondenz erledigen.

Tipp

Hat der Kunde das Angebot angenommen? Ist das Feedback für den gerade erledigten Auftrag schon da? Es gibt natürlich immer wieder Gründe, morgens zunächst sein E-Mail-Postfach zu leeren und kaum jemand kann sich von dieser beruflichen

Wenn Sie zuhause Ihr Büro haben, lassen Sie in Ihrer Arbeitszeit den Haushalt Haushalt sein: Weder muss die Küche in dieser Zeit geputzt werden, noch die Wäsche gefaltet oder das Essen für die nächsten drei Tage vorgekocht werden. Ihre Arbeitszeit ist kostbarer denn je – nutzen Sie sie für Ihre Projekte. Auch Arztbesuche, Einkäufe oder andere private Aufgaben sollten Sie nicht in Ihrer Arbeitszeit erledigen.

Tipp

Trennen Sie sich vor allem in punkto Haushalt von Ihrem perfektionistischen Anspruch, Beruf und Familie auch noch mit Schöner Wohnen zu verbinden. Die Arbeit im Haushalt lässt sich gemeinschaftlich mit Partner und Kindern erledigen; vor allem im Kindergartenalter haben Kinder viel Spaß daran, Ihnen in der Küche oder im Garten zu helfen. Später müssen dann eben alle Familienmitglieder ihren Pflichtteil erledigen – und sollte die Spülmaschine einmal nicht sofort ausgeräumt sein oder der Müll herausgebracht, geht davon Ihre private Wohnwelt nicht unter. Sie wird vielleicht nur etwas anders aussehen als früher.

Unabhängig davon, ob Sie ein Home Office oder ein externes Büro haben: Machen Sie sich einen Wochenplan und eine Aufgabenliste. Denkbar ist zum Beispiel eine Übersicht über Ihre gesamten Projekte des nächsten halben Jahres. Daraus entwickeln Sie dann kleinteilige To-do-Listen für die einzelne Woche, erledigen Teilaufgaben der jeweiligen Projekte und kontrollieren nach Ablauf der Woche den Status und Ihre Termine.

Die Vorlage »To-do-Liste Aufträge« finden Sie auf der beigefügten CD.

Prüfen Sie darüber hinaus, ob Sie bestimmte Aufgaben delegieren können: Wenn ein freier Mitarbeiter die Arbeiten genauso gut erledigen kann wie Sie und dies möglicherweise auch noch günstiger, sollten Sie darüber nachdenken, auf diese Weise wertvolle Zeit zu gewinnen.

Mehr Informationen zum Thema Mitarbeiter finden Sie in Unterkapitel 8.1 ab S. 210

Die Vorteile einer schriftlichen Arbeitsplanung sind:

- Sie behalten die Übersicht und können die Aufgaben in der Reihenfolge ihrer Priorität abarbeiten.
- An einen schriftlichen Plan fühlen Sie sich eher gebunden als an lose vorgenommene Aufgaben.
- Sie verlieren in der Hektik des Alltags nichts aus dem Blick, was Sie ansonsten vielleicht vergessen hätten zu erledigen.

Tipp

Mit Ihrer Planung können Sie ganz nebenbei Ihre Kalkulation und damit Ihre Finanzen gut im Blick behalten. Fügen Sie einfach eine Spalte für Ihren monatlichen Ist-/Soll-Umsatz ein, dort können Sie eintragen, in welcher Höhe Sie bislang Aufträge für den jeweiligen Monat erhalten haben und wie viel gegebenenfalls noch bis zu Ihrem individuellen Umsatzziel fehlt. Außerdem können Sie Ihre einzelnen Projekte stundenweise budgetieren: Haben Sie beispielsweise einen Schmerzgrenzen-Stundensatz von 60 Euro ermittelt und einen Auftrag in Höhe von 720 Euro erhalten, wissen Sie, dass Sie maximal zwölf Stunden Arbeit in dieses Projekt investieren sollten. Auch dafür können Sie in Ihrem Plan eine Spalte einrichten.

Wie Sie Ihre Arbeitszeit planen, hängt von Ihren individuellen Vorlieben ab: Ich persönlich kombiniere ausgedruckte Aufgabenlisten mit Einträgen in meine elektronischen Kalender, die mich zugleich automatisch an meine verschiedenen Termine und Aufgaben erinnern. Das hat den Vorteil, dass meine Aufgaben für die Woche visualisiert auf meinem Schreibtisch liegen und meine Termine und die Arbeit an meinen Projekten sich gut im Computer sowie im Smartphone organisieren lassen. Manch einer hat sogar eine Zeitplansoftware, wohingegen andere auf den handschriftlichen Taschenkalender und den Notizblock schwören. Zeitmanagement ist zwar keine Philosophie-, aber doch eine Anwender-Frage. Hier sollte jeder für sich herausfinden, welche Hilfsmittel am besten in den eigenen Arbeitsalltag passen und womit man am besten zurechtkommt. Meine Erfahrung: Sobald man etwas wegstreichen kann, ob auf einer Whiteboard-Tafel im Büro oder einem Blatt Papier auf dem Schreibtisch, hat man erst richtig den Eindruck, etwas geschafft zu haben.

Ob Sie nun an zwei Tagen oder an fünf halben Tagen im Büro sind: Es wird mehr Zeiten als früher geben, zu denen Sie nicht erreichbar sind. Oder aber Sie arbeiten zuhause und Ihre Kinder sind ebenfalls bereits dort – und unüberhörbar. Oder aber Sie möchten sich einfach abschotten und konzentriert arbeiten. Für solche Konstellationen ist es ratsam, über einen Telefonservice nachzudenken. Die persönliche Ansprache einer Vorzimmerdame ist verglichen mit dem Anrufbeantworter nicht zu unterschätzen. Zudem müssen Sie Anrufe nicht auf Ihr Handy weiterleiten, um erreichbar zu sein. Denn das kann unangenehme Folgen haben: Stellen Sie sich einfach mal vor, Sie werden von einem wichtigen Kunden angerufen, während Sie im Supermarkt an der Kasse stehen. Das Telefonat möchten Sie gern entgegennehmen. Aber einen ungünstigeren Zeitpunkt für ein Briefing kann es wohl kaum geben, wenn Sie gerade das passende Kleingeld zum Bezahlen heraussuchen.

> Die Vorlage »To-do-Liste« finden Sie auf der beigefügten CD.

Damit Ihr Telefonservice sein Geld wert ist, sollten Sie einige Fragen vorab klären:

- Welche Nummer erhalten Sie für die Weiterleitung?
  Achten Sie darauf, ob die Nummer, die Sie für die Weiterleitung bekommen, eine kostenfreie Nummer ist. Klären Sie außerdem mit Ihrem Telefonanbieter, ob das Weiterleiten von Anrufen in Ihrem Telefontarif zusätzliche Ausgaben verursacht.
- Gibt es eine Grundpauschale oder wird nach Anruf abgerechnet?
  Je nachdem, wie hoch Ihr Anrufaufkommen ist und wie häufig Sie Ihr Telefon weiterleiten, können unterschiedliche Tarife günstig sein. Manchmal ist eine Kombination aus Pauschale und Anrufabrechnung möglich. Achten Sie hier auf die Vertragslauf-

zeit, sodass Sie gegebenenfalls umstellen können, wenn sich Ihr Telefonierverhalten ändert.

- Wird pro Anruf oder nach Dauer eines Telefonats abgerechnet? Ist Letzteres der Fall, sollten Sie nicht vergessen, dass während eines Telefonats die Uhr für Sie läuft. Dies gilt vor allem dann, wenn Sie eine so genannte Vorzimmerfunktion nutzen, die Anrufe also auch zu Ihnen durchgestellt werden können.

- Welche zusätzlichen Kosten fallen an? Denkbar sind hier unter anderem Kosten für die Einrichtung der Rufnummer und zusätzliche Kosten für die Nachrichtenübermittlung (per SMS oder E-Mail).

- Wie viele Menschen bedienen Ihr Telefon? Damit sich ein Telefonservice tatsächlich als Ihr Vorzimmer präsentieren kann, ist es wichtig, dass nicht zu viele Leute an Ihr Telefon gehen. Im besten Fall können Sie die Mitarbeiter des Callcenters gegenüber Ihren Kunden mit Namen benennen – und so gewissermaßen als Büromitarbeiter einbinden.

- Wann ist der Telefonservice erreichbar? Die verschiedenen Anbieter unterscheiden sich sehr stark in ihren Öffnungszeiten. Überlegen Sie trotzdem, ob es für Ihr individuelles Büroverhalten wirklich notwendig ist, dass Ihr Telefonservice von 6 bis 22 Uhr erreichbar ist. Manchmal reichen Zeiten von 8 bis 19 Uhr, um Ihr Anrufaufkommen abzudecken. Beobachten Sie dazu einfach über einen befristeten Zeitraum das Anrufverhalten Ihrer Kunden und Auftraggeber.

- Können die Anrufe nur weitergeleitet oder auch durchgestellt werden? Eine so genannte Vorzimmerfunktion ist vor allem dann hilfreich, wenn Sie öfter unterwegs, aber im Prinzip zu sprechen sind. Mit einer Vorzimmerfunktion können Sie sicherstellen, dass Sie selbst in abgeschotteten Projektzeiten für wichtige und dringende Anfragen erreichbar sind.

- Wie verhält sich der Telefonservice gegenüber Ihren Anrufern? Dies können Sie nur im Praxistest prüfen. Vereinbaren Sie daher am besten einen Probemonat – und lassen Sie Freunde anrufen, um zu testen, wie sich der Service nach außen präsentiert.

Wichtig für einen funktionierenden Telefonservice ist ein gutes Briefing; der Service muss wissen, was Sie beruflich tun, welche Auftraggeber Sie haben und wer in Ihrem Netzwerk arbeitet. Ein Telefonservice sollte zudem das Wichtige vom Unwichtigen trennen können – zum Beispiel, ob Ihnen jemand ein Abonnement für eine Fachzeitschrift verkaufen möchte oder ob es um einen eiligen Auftrag geht. Die Kosten für einen Telefonservice liegen zwischen 40 und 200 Euro pro Monat, je nachdem, wie komfortabel und individuell Sie den Service gestalten lassen.

Insgesamt gilt in Sachen Selbstmanagement und Arbeitszeit: Wenn Sie Ihre Arbeit weiterhin gut managen wollen, müssen Sie drei Punkte beherzigen:

1. Setzen Sie Prioritäten.

   Sie können nicht alles gleichzeitig und am selben Tag erledigen; manche Aufgaben können auch warten.

2. Sie müssen nicht alles selbst machen.

   Lagern Sie alles aus, was nicht zu Ihrer Kernkompetenz gehört und lassen Sie sich von einem Netzwerk aus anderen Freien unterstützen. Ein erprobtes Netzwerk hilft Ihnen auch in Krisenzeiten.

3. Lernen Sie, »Nein« zu sagen.

   Auch wenn Sie den Eindruck haben, dass es notwendig ist: Nehmen Sie nicht jeden Auftrag an – vor allem, wenn er nicht rentabel ist. Denn mehr als zuvor gilt nun: Ihre Arbeitszeit ist kostbar, Ihre Freiberuflichkeit muss sich deshalb in jeder Hinsicht lohnen. Liebhaberprojekte sollten deshalb eher die Ausnahme sein.

Häufig hört man von selbstständigen Müttern, ein angemessenes Honorar sei bei ihren Projekten nicht ausschlaggebend. Schließlich müssten sie nicht allein für ihren Unterhalt aufkommen. Das aber ist meiner Meinung nach die falsche Herangehensweise: Zum einen sollten Freiberufler immer darauf achten, dass sie ihre durchkalkulierten Preise am Markt durchsetzen und freie Arbeitszeit lieber für Akquise oder eigene Projekte statt für schlecht bezahlte Aufträge nutzen. Zum anderen kann es schnell geschehen, dass sich die private Situation – zum Beispiel durch die Arbeitslosigkeit des Partners oder eine Trennung – ändert. Und dann muss die Selbstständigkeit tragfähig sein; spätestens dann können sich Freiberufler pure Liebhaberei nicht mehr leisten.

7.3 Die Elterngeldfalle

Seit 2007 gibt es das Elterngeld; damit überweist der Staat bis zu 1800 Euro monatlich aufs Konto von Eltern, die sich dafür entscheiden, ihr Kind zu Hause zu betreuen. Wer nach der Geburt zu Hause bleibt oder nicht mehr als 30 Stunden pro Woche arbeitet, hat Anspruch auf die finanzielle Leistung. Das gilt auch für Freiberufler. Wird bei Arbeitnehmern in der Babypause das vorangegangene durchschnittliche Nettoeinkommen zugrundegelegt, ist es bei Freiberuflern der Gewinn, der den Ausschlag gibt. Gezahlt werden zwischen 100 und 65 Prozent, abhängig von der Höhe des Voreinkommens. Mindestens werden 300 Euro, maximal 1800 Euro monatlich ausbezahlt. Bei Freiberuflern werden vom zugrundegelegten Gewinn noch die darauf entfallenden Steuern abgezogen sowie Pflichtbeiträge zur Sozialversicherung. Selbstständige, bei denen das Vorjahr nicht so gut lief und die vielleicht sogar einen Verlust erwirtschaftet haben, erhalten auf jeden Fall den Mindestbetrag von 300 Euro monatlich.[16]

Das Elterngeld wird pro Kind maximal 14 Monate gezahlt (zwölf plus zwei Bonusmonate für den Partner bei gemeinsam erziehenden Eltern, 14 Monate bei Alleinerziehenden). Wenn Sie nach der Geburt Ihres Kindes wieder für einige Stunden in der Woche arbeiten, sinkt die Höhe des Elterngeldes entsprechend. Haben Sie mit dem Antrag auf Elterngeld noch nicht den letzten Steuerbescheid vorlegen können, sondern zur Glaubhaftmachung nur vorläufige Berechnungen, müssen Sie außerdem spätestens mit Ende des Elterngeld-Bezugs Ihren tatsächlichen Gewinn für den Zeitraum nachweisen – und gegebenenfalls Elterngeld zurückzahlen.

Das Elterngeld kann aber noch aus ganz anderen Gründen eine Falle sein, in die freiberufliche Eltern hineintappen: Denn es vermittelt für die Dauer eines Jahres eine komfortable finanzielle Situation – eine trügerische Sicherheit, die der realen Selbstständigkeit mit Kind häufig nicht entspricht. Von einem Tag auf den anderen fällt das Elterngeld dann nach spätestens einem Jahr weg. Wer dann keinen Plan B in der Tasche hat, steckt bald in den roten Zahlen. Denn die erste

---

16 Auf den Internetseiten des Bundesfamilienminis-
teriums finden Sie einen Elterngeldrechner.
http://www.bmfsfj.de/Elterngeldrechner

Zeit mit Kindern nutzen Freiberufler kaum, um strukturiert Akquise zu betreiben oder einen mittelfristigen Plan für das Fortführen des eigenen Unternehmens zu entwickeln. Privat ist das nur allzu verständlich, denn schließlich ist die erste Zeit mit Kind – vor allem, wenn es das erste ist – etwas ganz Besonderes. Und anstrengend ist sie obendrein, Arbeit ist oft lediglich als Stückwerk machbar. Viele selbstständige Eltern winken daher sicherlich mit einem müden Lächeln ab, wenn sie das Wort »Strategie« nur hören. Aber es ist ungemein wichtig, dass Sie sich so früh wie möglich darüber Gedanken machen, wohin Ihr unternehmerischer Weg gehen könnte. Denn schließlich soll Ihnen Ihre Freiberuflichkeit weiterhin Ihren Lebensunterhalt sichern – oder zumindest eine Säule des gemeinsamen Familieneinkommens stellen können. Folgende Leitfragen können Ihnen dabei helfen, eine individuelle Strategie zu entwickeln:

- Wie hat sich mein Arbeitspensum in den vergangenen Monaten entwickelt?
- Habe ich Kunden verloren?
- Welche Form der Kinderbetreuung steht mir zur Verfügung; wie viel (zuverlässige) Arbeitszeit ergibt sich dadurch?
- Welche Bestandskunden sind gut mit Kind zu vereinbaren und welche weniger? Warum?
- Wo kann ich strukturierte Akquise betreiben, um passende Kunden für mein verändertes Arbeitsumfeld zu finden?
- Zahlen diese Kunden meine Honorare?

Beispiel aus der Praxis

Die Grafikerin Annette Wenners hat einen 15 Monate alten Sohn. Vor seiner Geburt verdiente sie gut, hatte viele Kunden und sogar mehrere Projekte, in die sie jeden Monat eingebunden war und die damit verlässliche Einnahmen bedeuteten. Aufgrund ihres ordentlichen Gewinns aus selbstständiger Tätigkeit hat sie das Elterngeld maximal ausschöpfen und für ein halbes Jahr sich komplett um ihren Sohn kümmern können. Danach wollte sie allmählich wieder einsteigen, was sich aber nicht so einfach gestaltete: Ihre monatlichen Projekte wurden aus kundeninternen Gründen gestrichen, bei anderen Aufträgen waren die Kosten für ihre eigenen Zuarbeiter so hoch geworden, dass sich das Ganze für sie nicht mehr rentierte. Die Grafikerin scheute sich jedoch, strukturiert Akquise zu betreiben – schließlich war ihr Sohn gerade erst in einer Kita eingewöhnt worden und Annette Wenners wusste nicht so recht, wie viel Arbeit sie überhaupt leisten konnte. Weil die Zahlen aber so gar nicht mehr stimmten, setzte sie sich gemeinsam mit ihrem Steuerberater an einen Tisch, um ihr Unternehmen zu durchforsten: Welche Aufträge sind lukrativ und schnell zu erledigen? Wo sind versteckte Kostentreiber? Welche Umsätze braucht sie, um einen stabilen Gewinn zu erwirtschaften? Auf diese Weise ergaben sich für Annette Wenners einige Hausaufgaben: Sie reduzierte die Anzahl ihrer externen Dienstleister und wickelte mehr Aufträge selbst ab; außerdem trennte sie sich von einem Kunden, wo Honorar und Arbeit in keinem rentablen Verhältnis zueinander standen. Dafür ging sie einmal in der Woche das Thema Akquise an und hat so bereits einen neuen Auftraggeber gewonnen, um die entstandene Umsatzlücke zu schließen.

Wichtiger als vorher werden lukrative Aufträge, die für wenig Arbeitszeit gutes Geld bringen. Und entscheidend ist, dass Sie auch mit Kind Ihre Finanzen und Ihre Kalkulation stets im Blick haben. Achten Sie außerdem darauf, dass Sie sich nicht verstecken: Gerade als berufstätige Eltern ist man schnell isoliert und steht ohne berufliches Netzwerk da. Das aber ist wichtig für Sie – nicht nur, um zu zeigen, dass Sie noch am Markt sind oder hier und da empfohlen werden, sondern auch, um Erfahrungen und Tipps mit anderen auszutauschen. Denn die Probleme, die Sie gerade bewältigen müssen, haben andere selbstständige Eltern auch – und möglicherweise schon individuelle Lösungen dafür entwickelt, die auch Sie weiterbringen können.

7.4   Kinderbetreuung und Notfallszenarien

Freiberuflich mit Kind: Das funktioniert natürlich nur mit einer guten Kinderbetreuung und das gilt für die ganz Kleinen genauso wie für Schulkinder. Aber diese ist in vielen Teilen Deutschlands immer noch schwer zu finden. Und es gibt sowohl qualitative als auch quantitative Brüche, beispielsweise, wenn es um den Übergang vom Kindergarten in die Schule geht. Vollzeit arbeiten als freiberufliche Mutter oder Vater: Das hängt vor allem davon ab, wie sich die individuelle Arbeit gestaltet. Wirklich problematisch wird es dann, wenn die Betreuungszeiten zum Beispiel nicht die Präsenzzeiten vor Ort abdecken. Wenn Sie also viel vor Ort beim Kunden sein müssen, möglicherweise mit Übernachtung, benötigen Sie ein anderes Betreuungsnetzwerk als Freiberufler, die hauptsächlich am häuslichen Schreibtisch arbeiten und die Arbeitszeiten in den Abend oder ins Wochenende verschieben können.

Unabhängig davon, ob Sie sich für eine Tagesmutter, eine Kita oder eine Kinderfrau entscheiden: Am Anfang ist es wichtig, dass Sie sich möglichst früh darum kümmern, wer Ihr Kind betreut. Auch wenn die Familie dafür eingeplant werden soll, müssen Sie die Details mit den Großeltern genau besprechen, damit Sie sich auf diese Form der Kinderbetreuung ebenfalls regelmäßig verlassen können. Vergessen Sie nicht, die finanzielle Seite einzukalkulieren, aber gehen Sie bei den Personen, die Ihre Kinder betreuen sollen, auch vom Bauchgefühl aus. Die Chemie muss stimmen, damit Sie den Eindruck haben, dass Ihr Kind gut aufgehoben ist.

Die Kinderbetreuung muss zu Ihren Bedürfnissen passen – und natürlich vor allem zu denen des Kindes. Arbeiten Sie beispielsweise von zuhause aus, kann es sinnvoll sein, sich in der ersten Zeit nach einer externen Betreuung umzusehen – beispielsweise nach einer *Tagesmutter* oder einer *Mini-Kita*. Vorteil: Ihr Kind ist dort in aller Regel mit anderen Kindern in einer familiären Umgebung zusammen, die Betreuungszeiten sind zumindest bei Tagesmüttern flexibel. In einer Mini-Kita sind zudem meist mehrere Betreuerinnen vor Ort, sodass die Erkrankung einer Erzieherin nicht ins Gewicht fällt. Nachteil: Sie können zwar konzentriert im Home Office arbeiten, müssen aber Zeit fürs Bringen und Abholen der Kinder kalkulieren. Das gilt natürlich gleichermaßen für die Betreuung bei der Tagesmutter, sofern sie nicht direkt in der Nachbarschaft wohnt.

Tipp

Zu Fragen der Kinderbetreuung gibt es inzwischen zahlreiche gute Ratgeber, in denen Sie sich über das Thema informieren können – unter anderem in Broschüren der Verbraucherzentralen und der Bundesregierung. Das Bundesfamilienministerium bietet außerdem auf der Internetseite http://www.frühechancen.de einen Überblick über die verschiedenen Betreuungsangebote und beantwortet finanzielle und rechtliche Fragen. Auch die Suche nach lokalen Betreuungsangeboten ist dort möglich.

Tagesmütter sind übrigens nicht auf die Kleinkinderbetreuung festgelegt und dürfen durchaus Schulkinder nehmen. Auch für die Betreuungsperson kann das eine attraktive Lösung sein, da sie die Schulkinder erst ab dem Mittagessen versorgen muss.

Eltern-Kind-Gruppen können etwas Schönes sein, wenn Sie gemeinsam mit Ihrem Kind etwas unternehmen möchten. Als Betreuungsalternative sind sie jedoch eher ungeeignet, da Ihre Anwesenheit dort meist ebenfalls erforderlich ist. Das heißt, Sie können in dieser Zeit nicht arbeiten. Solche Spielgruppen eignen sich höchstens dann, wenn Sie sich in der Betreuung der Kinder mit anderen Müttern abwechseln können. Daraus können sich dann für Sie unter Umständen zusätzliche Arbeitszeitkapazitäten ergeben.

Brauchen Sie auch Unterstützung im Haushalt oder haben Sie ein externes Büro, ist eine *Kinderfrau*, die zu Ihnen nach Hause kommt, eine weitere Möglichkeit der Kinderbetreuung. Vorteile ergeben sich hier vor allem für kleinere Kinder: Sie bleiben in ihrer gewohnten Umgebung, die Kinderfrau kann zudem mit den Kleinen Arztbesuche oder andere Termine übernehmen. Nachteil: Wird die Kinderfrau krank, ist Ihr Kind nicht betreut. Außerdem werden Sie spätestens jetzt zum Arbeitgeber (Ihrer Kinderfrau) – mit den damit verbundenen Rechten, Pflichten und Kosten.

Um einen *Babysitter* sollten Sie sich mittelfristig auf jeden Fall bemühen. Denn dieser schafft Ihnen zusätzlich Raum für private Aktivitäten ohne Kind – und ein zuverlässiger Babysitter kann auch einmal kurzfristig einspringen und als denkbare Havarielösung eingeplant werden.

Ein *Au-Pair* kann Sie ebenfalls in der Kinderbetreuung unterstützen; allerdings sind dafür einige Voraussetzungen erforderlich, zum Beispiel ein eigenes Zimmer für den ausländischen Gast. Da Au-Pair-Hilfen Anspruch auf Verpflegung und Taschengeld haben (und natürlich auf ihre eigene Freizeit), sind sie eher als Gast denn als angestellte Kinderbetreuer zu sehen.

Seit 1996 haben Kinder ab dem dritten Lebensjahr einen Rechtsanspruch auf einen Halbtagesplatz im *Kindergarten*, ab 2013 greift der Rechtsanspruch auch für unter Dreijährige. In vielen Einrichtungen gibt es inzwischen solche so genannten U3-Plätze für Kinder unter drei Jahren. Diese Plätze sind jedoch zahlenmäßig beschränkt und in einigen Einrichtungen nur als Ganztagesplatz zu haben, was manche Eltern in diesem Alter noch nicht wünschen. Unterschieden wird bei den U3-Plätzen in Kindergärten zwischen Einrichtungen, die bereits Kleinkinder aufnehmen. Diese werden dann meist in eigenen Gruppen betreut. Andere Kindergärten nehmen für ihre U3-Plätze Kinder ab zwei Jahre auf und integrieren sie in die bestehenden Gruppen. Vorteil eines U3-Platzes ist, dass sich Ihr Kind schon früh in die Kindergartengruppe einfügen kann und dort insgesamt bis zur Schule eine längere Zeit verbringt. Um eine regelmäßige Betreuung sicherzustellen, sollten Sie Ihr Kind in jedem Fall frühzeitig im Kindergarten anmelden – in Städten und Gemeinden mit Betreuungsproblemen am besten schon bei der Geburt des Kindes.

Beim Schuleintritt gibt es häufig einen Bruch in der Kinderbetreuung. Die Kinder kommen in die Grundschule – und der Unterricht endet vor zwölf Uhr. Dazu kommen die Hausaufgabenkontrolle, Elternarbeit und die Ferien. Daher sollten Sie bei der Wahl der Grundschule einen Blick auf die Nachmittagsbetreuung in der *Offenen Ganztagesschule* werfen, sofern dieses Konzept in Ihrer Gemeinde angeboten wird: Gibt es ausreichend Plätze? Welche Qualität hat die Betreuung: Werden die Hausaufgaben erledigt und gibt es zugleich Raum für Hobbies? Und nicht zuletzt sollten die Betreuungszeiten natürlich zu Ihrer Arbeitszeit passen. Aber unter Umständen müssen Sie zu diesem Zeitpunkt anfangen, Ihre bislang erprobte Arbeitszeit neu zu organisieren, wenn die Schule zwar hervorragend, die Nachmittagsbetreuung aber nicht gesichert ist. Alternativen zur Offenen Ganztagsschule sind Horte, Schulkinderhäuser, pädagogisch betreute Mittagstische oder die so genannte Verlässliche Grundschule.

Letztere garantiert allen Schülerinnen und Schülern den Unterricht innerhalb eines verlässlichen Zeitrahmens. Kosten fallen bei jeder dieser Betreuungsarten in Form von Elternbeiträgen an, die regional und abhängig vom Träger unterschiedlich hoch sein können. Daneben gibt es noch die »Echte« oder Gebundene (auch »Geschlossene«) Ganztagsschule, in der alle Schüler verpflichtet sind, an mindestens drei Wochentagen für jeweils mindestens sieben Zeitstunden an den ganztägigen Angeboten der Schule teilzunehmen.

Tipp

Bei der Steuererklärung können Sie Kinderbetreuungskosten für Kinder unter 14 Jahren wie Betriebsausgaben ab dem ersten Euro geltend machen. Alleinerziehende und Paare, können zwei Drittel der Ausgaben für die Tagesmutter, die Kita oder den Kindergarten von ihrer Steuerlast abziehen. Maximal können auf diese Weise 4 000 Euro je Kind und Kalenderjahr steuerlich geltend gemacht werden. Aber Achtung: Wer den Fiskus an den Kinderbetreuungskosten beteiligen will, muss eine Rechnung vorlegen und nachweisen, dass er das Geld an die Betreuer überwiesen hat. Barzahlungen erkennt das Finanzamt nicht an.

Trotz gut organisierter Kinderbetreuung kann der geplante Tagesablauf schnell in sich zusammenstürzen, wenn die Kinder krank werden oder Sie nachts nicht zur Ruhe kommen. Immer wieder berichten vor allem selbstständige Mütter davon, dass sie am Rande des Burnouts arbeiten:

»Ich habe ständig die halbe Nacht durchgearbeitet und bin dann durch den fehlenden Schlaf krank geworden.«

»Eigentlich muss ich abends ran, dann bin ich aber hundemüde, die Qualität der Arbeit leidet und es dauert viel länger. Oder ich opfere das Wochenende und kann die Zeit nicht mit meiner Familie verbringen.«

»Ich kenne nur selbstständige Mütter, die viel zu viel arbeiten und kurz vor einem Burn-out stehen oder es schon hinter sich haben. Der Druck, den man sich als verantwortungsvolle Mutter macht, und gleichzeitig die Arbeit, die man nicht aus dem Blick verlieren darf – das schafft doch die meisten.«

Beispiel aus der Praxis

Barbara Schumacher ist Rechtsanwältin in eigener Kanzlei. Sie hat einen 18 Monate alten Sohn, den sie von einer Kinderfrau betreuen lässt. Vor kurzem hat sie erlebt, wie alles an organisierter Kinderbetreuung auf einmal in sich zusammenbrechen kann: Ihre Kinderfrau erkrankte über mehrere Wochen, Barbara Schumacher konnte nur noch sehr eingeschränkt arbeiten, wenn ihr Lebensgefährte zuhause war. Ihre erste Überlegung war, den Kleinen in einer privaten Kindertagesstätte unterzubringen. Aber dann rechnete sie sich aus, dass das Kind in der Regel öfter krank ist als die Kinderfrau – und sie dann zuhause bleiben muss. Ihre Notfalllösung sieht nun so aus, dass sie alle verschiebbaren Termine absagt. Und für wichtige Fristen hat sie einen Kollegen eingebunden, der notfalls vor Gericht für sie auftreten könnte. Alle wichtigen Termine stehen in ihrem Kalender, versehen mit einer Telefonnummer – und der abzuarbeitende Schriftverkehr liegt in einer Mappe auf ihrem Schreibtisch.

Von vorneherein sollten Sie also einplanen, dass auch bei der besten Organisation etwas schiefgehen kann. Dann ist es von Vorteil, einen Plan B in der Tasche zu haben. Überlegen Sie einfach einmal, was beruflich geregelt werden müsste, wenn Sie von jetzt auf gleich den Stift fallen lassen müssten. Wer springt im Notfall ein? Gibt es einen schriftlichen Notfallplan? Wer hat den Überblick über die Projekte?

Erklärstück: Notfallplan

Auch im Unternehmen eines Freiberuflers ist ein Notfallplan wichtig. Voraussetzung dafür ist, dass Sie beruflich wie privat für den Notfall eine Vertretung organisiert haben. Ein kurzer Anruf und ein Verweis auf den Notfallplan sollten dann genügen, um die dringendsten Angelegenheiten erledigen zu lassen. Ein Notfallplan sollte wesentliche Informationen enthalten und natürlich gut zugänglich sein. Da in einem solchen Dokument sensible Daten beschrieben sind, sollten Sie den Notfallplan am besten Ihrem Partner oder einer anderen Person Ihres Vertrauens geben. Diese Angaben sollten Sie in den Notfallplan aufnehmen:

- Kontaktdaten der Vertretung oder Aushilfe
- Adressen und Telefonnummern von Kunden
- laufende Projekte und gegebenenfalls dringende Aufgaben
- Passwörter
- Zugang zum Terminkalender

Ein solcher Notfallplan muss immer wieder aktualisiert werden, damit insbesondere die auftragsbezogenen Informationen auf dem neuesten Stand sind.

Wenn nun alle Stricke schon gerissen sind – die Kinderfrau krank geworden ist, obwohl gerade fünf Projekte gleichzeitig abgewickelt werden müssen, die Großeltern nicht einspringen können und Sie bereits auf dem Zahnfleisch gehen –, arbeiten Sie die folgende Fünf-Punkte-Liste ab:

1. Denken Sie daran, dass Sie (in aller Regel) nicht allein sind, sondern dass Ihre Kinder noch einen weiteren Elternteil haben, der die Betreuung mit übernehmen kann. Ist der andere Elternteil angestellt, stehen ihm dafür sogar gesetzlich mehrere Tage im Jahr zu: Bei einer kurzzeitigen Arbeitsverhinderung bei im Schnitt bis zu fünf Tagen haben Arbeitnehmer Anspruch auf Freistellung, wenn dies nicht arbeitsvertraglich ausgeschlossen ist. Und je nach Krankenversicherungskonstellation gibt es sogar Krankengeld für die Kinder.

2. Überlegen Sie, ob Freunde im Umkreis von maximal zehn Kilometern Entfernung wohnen, die sich in die Betreuung kurzfristig einklinken könnten. Scheuen Sie sich nicht, solche Freundesdienste in Anspruch zu nehmen.

3. Wenn ein krankes Kind einfach nur beschäftigt werden muss, geht die Arbeit vielleicht einmal mit Babysitter daheim im Home Office oder mit dem Laptop im Wohnzimmer weiter.

4. Verschieben Sie unwichtige Dinge wie den ordentlichen Haushalt auf später.

5. Holen Sie tief Luft und bleiben Sie gelassen. Jedes Katastrophen-Szenario geht wieder vorbei. Und aus jedem Notfall ergibt sich möglicherweise eine Lösung für das nächste Mal.

Tipp

In vielen Städten gibt es inzwischen Vereine, in denen sich ältere Menschen gegen Entgelt, manchmal sogar ehrenamtlich, als »Leih-Großeltern« engagieren. In vorübergehenden Notsituationen oder als gelegentlicher Babysitter übernehmen die erfahrenen Senioren die Betreuung. In einigen Städten und Gemeinden ist die Organisation der Leihomas und -opas über das Jugendamt organisiert. Dort erfahren Sie in jedem Fall, ob es eine solche Initiative in Ihrer Kommune gibt.

Fast noch wichtiger als all das ist ein funktionierendes Netzwerk. Das hilft nicht nur in Krisenzeiten. Ein Beispiel: Spätestens ab dem Kindergarten-Alter finden die Kinder Freunde, bei denen sie auch einmal eingeladen sind. Nutzen Sie die freie Zeit zum Arbeiten und revanchieren Sie sich bei der anderen Mutter mit einer Gegeneinladung für deren Kind. Eine weitere Möglichkeit besteht darin, sich wochenweise Fahrdienste zum Kindergarten, zur Schule oder zum Sport zu teilen. So gewinnen Sie jede zweite Woche Zeit für sich und Ihre Projekte.

7.5 Langfristige Perspektiven

Für Ihr Unternehmen läuft die Zeit weiter. Sicher wollen Sie hin und wieder alles hinwerfen, weil die Arbeit Stress pur bedeutet und es nicht motivierend ist, wenn Sie den Aufgaben immer hinterherlaufen müssen. Sicher stellen Sie sich ab und zu die Frage: Soll ich überhaupt arbeiten? Wenn Sie arbeiten, haben Sie mitunter ein schlechtes Gewissen, aber wenn Sie nicht arbeiten, sind Sie auch nicht recht zufrieden. Und wenn Sie Ihr Unternehmen nicht auf Sparflamme halten wollen, sondern es wachsen und gedeihen soll, müssen Sie Ihre Perspektive wechseln: vom Ad-hoc-Reagieren zum langfristigen Agieren.

Sie haben nun eine gute Gelegenheit, um das eigene Geschäftskonzept noch einmal abzuklopfen: Was ist wirklich machbar? Und wo stoße ich ständig an meine Grenzen und vergeude Energie? Die Antworten darauf müssen nicht nur in eine Richtung gehen:

- Von unrentablen und kräfteraubenden Aufgaben sollten Sie sich trennen:
  Prüfen Sie also Ihre Kundenauswertungen ganz besonders genau und bewerten Sie zusätzlich Projekte über die Prozesse: Sind sie aufreibend oder läuft in der Regel alles rund?

- Konzentrieren Sie sich auf strategische Akquise:
  Hier mal einen potenziellen Kunden zu kontaktieren und dort mal einen Auftraggeber an Land zu ziehen, ist mittelfristig der falsche Weg. Bevor Sie in die Akquise einsteigen, machen Sie sich Gedanken darüber, was Sie eigentlich wollen. Sie sollten Kunden finden, deren Aufträge Sie gut stemmen können, die aber zugleich gut in ein prägnantes Portfolio passen. Gegebenenfalls müssen Sie Ihre Positionierung noch einmal überdenken.

  Mehr Informationen zum Thema Kundenanalyse finden Sie in Unterkapitel 3.4 ab S. 81

- Trauen Sie sich zu akquirieren:
  Achtung, Kunde droht mit Auftrag! Wenn die Auftraggeber Ihnen wieder die Türen einrennen – vielleicht, weil Sie effizient Akquise betrieben haben –, muss nicht sofort alles zusammenbrechen. Sorgen Sie für ein gutes Netzwerk, gliedern Sie Aufgaben aus und lassen Sie sich durch andere Freie oder studentische Hilfskräfte unterstützen.

  Mehr Informationen zum Thema Positionierung finden Sie in Kapitel 5 ab S. 127

- Seien Sie präsent:
  Betreiben Sie Netzwerkarbeit, arbeiten Sie an den Strukturen, die Sie sich über Jahre geschaffen haben. Pflegen Sie den Austausch mit Kollegen und lassen Sie sich ab und zu durchaus beim Event eines Kunden blicken. Das alles ist bestes Eigenmarketing.
- Reflektieren Sie Ihre Selbstständigkeit:
  Oft ist es hilfreich, einfach einmal aufzuschreiben, was Sie bewegt. Hier könnte dies eine Plus-Minus-Liste für Ihre Freiberuflichkeit sein. Auf diese Weise können Sie sich und Ihrer Familie klar machen, warum Ihr Beruf wichtig ist – und was Sie dafür tun müssen.

Wichtig ist, dass Sie noch genauer planen und analysieren als zuvor. Nehmen Sie sich ab und zu die Zeit für einen Strategie-Tag. Einmal im Quartal oder zweimal im Jahr sollten Sie sich eine kleine Auszeit gönnen, um darüber nachzudenken, ob die Gesamtsituation für Sie noch stimmig ist. Nutzen Sie dafür die Instrumente, die Sie in diesem Buch kennen gelernt haben – aber nehmen Sie sich auch die Zeit, die private Seite zu betrachten: Haben Sie die Zeit, die Sie sich für Ihre Familie wünschen? Verbringen Sie die Zeit mit Ihren Kindern bewusst oder sind Sie in Gedanken am Schreibtisch? Am Ende eines solchen Strategie-Tages stehen möglicherweise Verschiebungen in den Prioritäten, möglicherweise Veränderungen in der Positionierung. Aber was auch immer Sie tun: Lassen Sie weder Job noch Kind nebenher laufen, sondern seien Sie hundertprozentig bei der Sache. Denn nur so kann beides langfristig eine Bereicherung bedeuten.

Mehr Informationen zum Thema Strategie und Positionierung finden Sie in den Kapiteln 3 und 5 ab S. 64 und 127

Die Expertenmeinung – Constanze Hacke im Gespräch mit ...

... Frauke Greven, Geschäftsführerin Spielraum – Projekt Vereinbarkeit gGmbH, Köln

Constanze Hacke: Worin liegen denn die größten praktischen Schwierigkeiten für Eltern in der Selbstständigkeit?

Frauke Greven: Die Schwierigkeiten liegen meist in der Vereinbarkeit von Beruf und Familie, und zwar im wörtlichen Sinne, weil oft die berufliche Tätigkeit in der häuslichen Umgebung stattfindet. Das funktioniert, solange man dem Geschäftlichen und dem Privaten jeweils seinen eigenen Raum geben kann. Dazu gilt es, mit allen Beteiligten, zum Beispiel dem Partner oder der Partnerin, klare Vereinbarungen zu treffen. Wenn Kinder da sind, geschehen die Dinge auch schon einmal unvorhergesehen. Auch darauf sollten sich die Eltern vorbereiten. Relativ einfach ist die Vereinbarkeit von Beruf und Familie »zuhause«, in der Zeit, in der die Kinder betreut sind und man konzentriert arbeiten kann. Schwierig wird es jenseits der Betreuungszeiten in Kita oder Kindertagespflege, wenn die Kinder im Haus sind.

Constanze Hacke: Ist es dann besser, die Kinder eher zu »verheimlichen« oder in den selbstständigen Alltag zu integrieren?

Frauke Greven: Hier gibt es keine allgemeine Regel. In der Beratungspraxis stellen wir fest, dass es Branchenunterschiede gibt und auch vieles von der jeweiligen Arbeitskultur abhängt. Es gibt Arbeitskontexte, wo die Arbeitszeiten sehr entgrenzt sind und erwartet wird, dass man auch noch am späteren Abend oder am Wochenende für den Kunden erreichbar ist. Fakt ist – und das sollte man nicht unterschätzen –, sobald Kinder anwesend sind, fühlen sich die Eltern verantwortlich. Und da muss man für sich entscheiden, wie man die Qualität für das Berufliche aufrechterhalten kann. Kann ich jetzt wirklich darauf achten, dass das Kind nicht den Finger in die Steckdose steckt und gleichzeitig dabei dem Kunden aufmerksam zuhören oder über Geld verhandeln?

Constanze Hacke: Es gibt also kein allgemeines Patentrezept, aber die Trennung von Beruflichem und Privatem scheint dann doch der bessere Ansatz zu sein.

Frauke Greven: Das macht es in jedem Falle leichter für alle Beteiligten. Auch für die Auftraggeber, weil sie oft nicht wissen, wie sie damit umgehen sollen. Wir empfinden die Vereinbarkeit von Kindern und Beruf noch nicht als selbstverständlich. Und das fordert die Menschen natürlich in einer besonderen Art und Weise heraus. Wir sind es gewohnt, dass beides strikt getrennt ist. Man kann zwar ruhig ab und zu Privates einfließen lassen, aber im Prinzip ist man auf einer geschäftlichen Ebene unterwegs. Und das zu durchbrechen, ist immer noch eine Besonderheit. Aber man muss dann auch von Auftraggeber zu Auftraggeber unterscheiden.

Constanze Hacke: Kann es vielleicht sogar dienlich sein, die Kommunikation über dieses Thema wohl dosiert einzusetzen?

Frauke Greven: Ich bin nicht dafür, das eigene Privatleben komplett zu verheimlichen. Aber man sollte auch nicht zwingend offensiv und immer wieder einflechten, sondern nur hin und wieder durchblicken lassen, dass man Mutter oder Vater von einem oder mehreren Kindern ist. Am besten an einer Stelle, an der es gut passt. Dann fallen die Leute nicht aus allen Wolken, wenn die plötzlich erforderliche Kinderbetreuung mal für die Verschiebung eines Projekts sorgt. Aber man sollte es auch nicht problematisieren.

Constanze Hacke: Vom Kunden her zu denken ist als Dienstleister besonders wichtig. Was bedeutet das denn für eine Working Mum oder einen Working Dad?

Frauke Greven: Wenn man die Kundenperspektive einnimmt, stellt man natürlich auch hohe Ansprüche. Man denkt, der Kunde erwartet eine Omnipräsenz, eine Sofortreaktion, also ein gewisses Servicelevel. Hier können Eltern versuchen, durch Vereinbarungen den Druck ein wenig herauszunehmen. Da hilft es, mit dem Kunden zu sprechen: »Was erwarten Sie?«, »Was sind Ihre Wünsche?«, »Was ist Ihre Form der Kommunikation?«, »Ist es wichtig, dass wir telefonieren? Oder können wir auch per Mail kommunizieren?« Auf diese verbindliche Weise kann es Selbstständigen gelingen, von diesem Mythos »24 Stunden allzeit bereit am Tag, sieben Tage in der Woche« wegzukommen. Freiberufler sollten durchaus den Mut haben zu fragen, ob der Auftrag sofort erledigt werden muss oder ob es reicht, wenn der Kunde ihn am nächsten Tag erst hat.

Constanze Hacke: Nun gibt es natürlich Freiberufler, die enge Fristen beachten müssen oder wo eilige Projekte die Regel sind. Kann man so etwas überhaupt noch bewerkstelligen als Mutter oder Vater in der Selbstständigkeit?

Frauke Greven: In solchen Momenten sollte man eine Entlastung für derartige Spitzen im Arbeitsvolumen organisieren. Wenn jetzt beispielsweise die Kundenseite unflexibel ist, heißt das, dass ich im Familienbereich eine Lösung finden muss. Und wenn gerade an diesem Tag der Partner oder die Kinderfrau nicht verfügbar ist, dann brauche ich eine betriebsinterne Alternative. Das bedeutet, dass ich ein berufliches Netzwerk aufbaue und mir überlegen muss, wer mich vertreten kann. Wird das offen kommuniziert, erhält der Kunde den Eindruck, dass sich immer jemand um ihn kümmert. Oder man regelt es intern mit dem Zulieferer und dieser übernimmt dann eben in dem Moment etwas mehr Arbeit als sonst.

Constanze Hacke: Stichwort Zeitmanagement. Muss man da für sich nicht auch einfach einmal Grenzen ziehen?

Frauke Greven: Grenzen und Vereinbarungen sind wichtig, um im Spannungsfeld zwischen Beruf und Familie zu bestehen. Wenn ich selbst überlastet bin, dann merke ich bestimmte Sachen nicht mehr und mache unter Umständen Fehler. Also muss ich meine Grenzen kennen und dann darüber mit den anderen Beteiligten Vereinbarungen treffen. Es gibt Menschen, die vereinbaren das sehr rigide mit sich und sagen: »Ab 17.00 Uhr nehme ich keine Anrufe mehr an und lese keine Mails mehr.« Diese haben damit gewissermaßen eine kleine interne Stechuhr. Andere sagen: »Nach 17.00 Uhr kann eigentlich keiner mehr erwarten, dass ich noch da bin. Wenn ich dann zurückrufe, dann soll das auch entsprechend gewürdigt sein.« Mit anderen Worten: Dann muss der Kunde auch akzeptieren, dass ich vom Spielplatz aus anrufe. Man sollte sich einfach fragen, was tut mir noch gut? Für welchen Kunden mache ich eine Ausnahme? Für welchen anderen Kunden nicht, weil der immer der Kunde ist, der mir schlechte Laune bereitet – und das kann ich am Wochenende nicht aushalten? Dann hat man eine Vereinbarung mit sich, an die man sich auch kategorisch halten muss. Und wenn man davon abweicht, dann sollte man kurz für sich klären: Bin ich jetzt abgewichen, weil das gut und richtig war oder hat mir das jetzt nicht gut getan? Dann müsste ich entweder die Regel ändern, weil sie überholt ist oder ich müsste mich disziplinieren, mich wieder an meine Regeln zu halten.

Constanze Hacke: Jetzt haben wir ja schon viel über Organisation, Selbstdisziplin, Selbstmanagement und unternehmerisches Management gesprochen. Wie schafft man es trotzdem, vor allem auch die Kinder als Bereicherung zu sehen?

Frauke Greven: Das hat auch wieder etwas mit der Vereinbarung mit sich selbst und den anderen Beteiligten zu tun, wenn es nämlich darum geht, wie viel ich eigentlich arbeiten will und wie viel mir gut tut – und wann ich Spaß mit der Familie habe. Da muss man für sich entscheiden, was man braucht und was die Familie braucht. Manche genießen ja nur eine intensive Kuscheleinheit am Abend, andere wollen ein tolles Wochenendprogramm, um Familie aktiv erleben zu können. All das sollte man für sich festlegen und entsprechend planen – und sich dann auch immer wieder an die Einhaltung der Vereinbarungen erinnern. Wichtig ist, diese Aktivitäten dann auch zu genießen – auch wenn es nur eine kurze Phase, ein kleines Gespräch zwischendurch mit den Kindern ist. Kinder merken, wenn man mit den Gedanken woanders ist. In jeder Sekunde, in der man mit den Kindern zusammen ist, sollte man auch hundertprozentig bei ihnen sein. Und dann ist es auch nicht so schlimm, wenn es nur ein Fünfminutengespräch zwischendurch war und man sich dann wieder anderen Themen zuwendet. Wenn man aber in den fünf Minuten dem Kind das Gefühl gibt, eigentlich permanent zu stören, dann dauern die fünf Minuten sowieso meist zehn. Das Wichtigste ist, sich auf die jeweilige private oder berufliche Situation einzulassen. So wird die Vereinbarkeit von Beruf und Familie eine Quelle, aus der die Eltern ihre Energien schöpfen können.

8
Die Profimannschaft

Manchmal ist es ein großer Auftrag, der die Initialzündung liefert, andere mit ins Boot zu holen. Vielleicht ist es auch der Wunsch, sich abzusichern gegen all die Fälle, in denen plötzlich jemand einspringen muss. Ein Netzwerk von freien Mitarbeitern kann, wenn es gut verwoben ist, die eigenen Wachstumsmöglichkeiten vergrößern; Minijobber und andere Hilfskräfte nehmen Routinearbeiten ab. Und mit der Expertise anderer Freiberufler kann man gemeinsam die großen Etats und Projekte stemmen.

Wer über Freiberufler spricht, denkt meistens an vereinsamte Computer-Arbeiter, die bis nachts um zwei Uhr am Schreibtisch sitzen und arbeiten. Doch freiberuflich tätig sein bedeutet nicht automatisch, dass allein gearbeitet wird. Früher oder später stellt sich für die meisten Freiberufler – unabhängig davon, in welcher Branche sie tätig sind – die Frage, wie die Arbeit noch ohne Hilfe bewerkstelligt werden kann. Denn ganz abgesehen davon, dass ein Netzwerk für den Notfall gespannt werden sollte, muss nicht jede Tätigkeit vom Freiberufler-Chef selbst erledigt werden: Arbeiten, die nicht zur Kernkompetenz zählen, können ausgelagert werden; in der gleichen Zeit kann sich der Freiberufler den anspruchsvollen Aufgaben widmen. Und spätestens dann, wenn das Volumen eines einzelnen Projekts oder die Zahl der Aufträge insgesamt die eigenen Kapazitäten übersteigt, ist es Zeit für ständige Mitarbeiter – als freie Mitarbeiter oder als Angestellte.

Über die meisten Angestellten verfügen mit Abstand die freien Heilberufe, gefolgt von den Architekten. Die kreativen Freiberufler rangieren am anderen Ende, sie arbeiten in der Tat häufig allein (siehe Abbildung 8.1 auf Seite 210).

Die Entscheidung für oder gegen Mitarbeiter ist häufig mit der Frage verbunden, ob sie die eigenen Ansprüche teilen, ob damit die

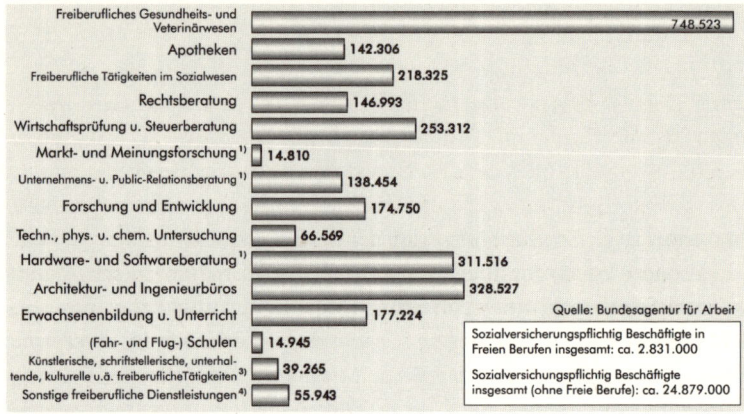

Sozialversicherungspflichtig Beschäftigte (incl. Auszubildende) nach Wirtschaftsklassen in Freien Berufen in Deutschland am 30.06.2010

Freiberufliches Gesundheits- und Veterinärwesen	748.523
Apotheken	142.306
Freiberufliche Tätigkeiten im Sozialwesen	218.325
Rechtsberatung	146.993
Wirtschaftsprüfung u. Steuerberatung	253.312
Markt- und Meinungsforschung [1]	14.810
Unternehmens- u. Public-Relationsberatung [1]	138.454
Forschung und Entwicklung	174.750
Techn., phys. u. chem. Untersuchung	66.569
Hardware- und Softwareberatung [1]	311.516
Architektur- und Ingenieurbüros	328.527
Erwachsenenbildung u. Unterricht	177.224
(Fahr- und Flug-) Schulen	14.945
Künstlerische, schriftstellerische, unterhaltende, kulturelle u.ä. freiberuflicheTätigkeiten [3]	39.265
Sonstige freiberufliche Dienstleistungen [4]	55.943

Quelle: Bundesagentur für Arbeit

Sozialversicherungspflichtig Beschäftigte in Freien Berufen insgesamt: ca. 2.831.000

Sozialversicherungspflichtig Beschäftigte insgesamt (ohne Freie Berufe): ca. 24.879.000

[1] Eine Differenzierung nach Freiberuflern und gewerblich Tätigen ist hier leider nicht möglich.
[3] In dieser Kategorie enthalten sind selbstständige darstellende und bildende Künstler, Musiker, Schriftsteller, Design-Ateliers, Journalisten und Pressefotografen.
[4] In dieser Kategorie enthalten sind u.a. freiberufliche Dolmetscher, Übersetzungsbüros, Sachverständige a.n.g., Informationsvermittlung sowie Erbringung von sonstigen Dienstleistungen überwiegend für Unternehmen und Privatpersonen, a.n.g. [1].
Auf Grund von Veränderungen in der Kategorisierung ist diese Statistik mit den Vorjahren nur eingeschränkt vergleichbar.   © IFB 2011

Abbildung 8.1: Sozialversicherungspflichtig Beschäftigte in freien Berufen

Qualität der eigenen Arbeit gesichert bleibt. Daher spielen – neben den Kosten, die regelmäßig anfallen – die Suche und der Auswahlprozess eine große Rolle.

8.1 Ein Team führen: Suche und Auswahl von neuen Mitarbeitern

Zunächst einmal sollten Sie sich ein Bild darüber verschaffen, in welchen Bereichen Sie Unterstützung benötigen und wo sie sich lohnt. Denn abgesehen von der Vertretung für den Notfall ist es eine Frage der Rentabilität, wofür Sie Ihre Mitarbeiter einsetzen. Mit anderen Worten: In der Zeit, in der Sie für sich arbeiten lassen, müssen Sie mindestens dreimal so viel erwirtschaften wie der Mitarbeiter Sie kostet. Oder Sie müssen in dieser Zeit Aufträge akquirieren, die den Einsatz des Mitarbeiters mehr als wettmachen.

Die Kosten für einen Mitarbeiter hängen nicht nur davon ab, ob er oder sie als freier Dienstleister, Minijobber oder Angestellter arbeitet. Auch die Art der Tätigkeit entscheidet über den Preis. Daher sollten

Sie Antworten auf die folgenden Fragen finden, bevor Sie sich auf die Suche nach Unterstützung begeben:

- Sollen Ihre Mitarbeiter Sie vor allem im organisatorischen und administrativen Bereich entlasten?
  Wenn Sie sich nicht länger mit Ablage, Einkauf von Büromaterialien, dem Einsortieren von Loseblattsammlungen oder der Pflege des eigenen Internetauftritts herumschlagen wollen, können Sie sich auf vielfältige Weise Hilfe suchen. Dafür sind nicht unbedingt Ihre Kompetenzen und Qualitäten gefragt, solche Arbeiten können auch Studierende oder Minijobber erledigen.
- Brauchen Sie Unterstützung in der Kommunikation nach außen?
  Wenn Sie Ihre Kundenbetreuung, womöglich sogar die Akquise, auslagern wollen, benötigen Sie jemanden, der sich in Ihrer Branche auskennt. Er oder sie muss die Sprache Ihrer Kunden sprechen und zum Beispiel in der Lage sein, ein kunden- oder branchenbezogenes Monitoring zu betreiben.
- Schaffen Sie Ihre eigentliche Projektarbeit nicht mehr ohne Hilfe von außen?
  In solchen Fällen müssen Sie sich auf die Suche nach einem Dienstleister auf gleicher Augenhöhe begeben. Und Sie müssen sich überlegen, ob Sie nur von Auftrag zu Auftrag oder ständig Unterstützung benötigen. Die Antwort auf diese Frage entscheidet dann womöglich darüber, in welcher Form Sie mit dem gefundenen Partner zusammenarbeiten.

Wenn Sie für sich herausgefunden haben, in welchen Bereichen Sie Unterstützung brauchen, sollten Sie das Aufgabenfeld klar definieren, also gewissermaßen eine Arbeitsplatzbeschreibung erstellen. Welche Tätigkeiten müssen erledigt werden? Welche harten Qualifikationen, Kenntnisse und Fähigkeiten sind gefordert, welche weichen Kompetenzen sind Ihnen wichtig? Welche Berufserfahrungen sollte der neue Mitarbeiter mitbringen? Darüber hinaus sollten Sie klären, ob der Mitarbeiter von zuhause aus oder in Ihrem Büro tätig sein soll. Möglich ist auch eine Mischung aus beidem. Denken Sie daran, dass für den neuen Arbeitsplatz gegebenenfalls eine eigene Ausstattung, zum Beispiel ein Notebook mit Zugang zum Internet, notwendig ist.

Ist das Anforderungsprofil fertig gestellt, ergibt sich daraus fast automatisch eine Stellenanzeige. Diese müssen Sie nur noch durch die Vorstellung Ihres eigenen Unternehmens ergänzen: Was tun Sie beruflich? Warum suchen Sie Unterstützung? Natürlich dürfen auch die Kontaktdaten nicht fehlen. Bauen Sie also Ihre Stellenanzeige folgendermaßen auf (siehe Abbildung 8.2 auf S. 213):

- Präsentation Ihres Unternehmens
- Philosophie Ihres Unternehmens
- Grund Ihrer Suche / Kurzzusammenfassung der gesuchten Mitarbeit
- Hauptaufgaben und Beschreibung der zu erledigenden Tätigkeiten
- Voraussetzungen, die der/die neue Mitarbeiter/in mitbringen soll
- Ihr Angebot: Angaben zur Vergütung, Hinweis auf freie Mitarbeit, Minijob oder Teilzeit
- Ihre Kontaktdaten

Wie aber kommen Sie nun an Ihre neuen Mitarbeiter? Für die Suche gibt es unterschiedliche Möglichkeiten:

1. Sie schalten eine klassische Anzeige in einer Tageszeitung, einem Wochenblatt oder einer Fachzeitschrift. Welches Medium geeignet ist, ergibt sich meist aus der gesuchten Tätigkeit.
2. Sie stellen Ihr Inserat im Internet ein, zum Beispiel in Branchennetzwerken, auf der Homepage Ihres Berufsverbandes oder in einer Kooperationsbörse. Diese Suchmöglichkeit eignet sich am ehesten für eine Projektzusammenarbeit.
3. Sie beauftragen die Arbeitsagentur mit der Suche nach Mitarbeitern. Auch das funktioniert übers Internet, ganz einfach von Ihrem Schreibtisch aus.
4. Sie suchen per Aushang in Hochschulen oder Fortbildungseinrichtungen, die für Ihre Branche relevant sind.

Tipp

Im Portal »Jobbörse« http://jobboerse.arbeitsagentur.de der Bundesagentur für Arbeit können Sie Stellenangebote erfassen, Personalbedarf melden, Ihre Bewerber verwalten und ganz allgemein Ihr Unternehmen präsentieren. Im Gegensatz zu einem normalen Inserat ist dieser Service kostenlos, Sie müssen sich allerdings bei der Arbeitsagentur registrieren und ein Benutzerkonto anlegen. Danach können Sie die verschiedenen Services nutzen oder auch ohne eigene Anzeige einfach einmal die Bewerberprofile möglicher Mitarbeiter durchforsten.

PROJEKTASSISTENZ GESUCHT

Grüner werden! braucht Verstärkung

Das Büro Grüner werden! arbeitet als landschaftsökologisches Planungsbüro.
Ich berate Unternehmen, die in die Natur und Umwelt eingreifen und deswegen
gesetzliche Auflagen berücksichtigen müssen. Grüner werden! befasst sich außerdem
mit Gutachten zur Tier- und Pflanzenwelt und bietet darüber hinaus Monitoring und
Renaturierung.

Zufriedene Kunden sollen zufrieden bleiben, deswegen suche ich ab dem Sommer
eine/n Projektassistent/in auf Basis einer freien Mitarbeit. Wenn Sie motiviert und
zuverlässig arbeiten und es zudem schaffen, Ihrer Chefin auch in turbulenten Zeiten
den Rücken frei zu halten, könnte dieser Job für Sie interessant sein. Diese Tätigkeiten
gehören dann zu Ihren Aufgaben:

Konzeptionelle und Text-Leistungen:
… zum Beispiel Konzeption und Texten von Werbematerialien, Kundenmailings,
redaktionelle Arbeit (Internetpräsenz http://www.gruenerwerden.de, Blog etc.)

Kommunikativ-organisatorische Leistungen:
… zum Beispiel Kunden-Betreuung, -pflege und –akquise, Erstellen von
Dokumentvorlagen und Präsentationen, Organisation von Hausmessen sowie Erstellen
der dazugehörigen Materialien, branchen-/kunden- und themenbezogenenes
Monitoring und entsprechende Recherchen, Projektassistenz

Administrative und projektbezogene organisatorische Leistungen:
… zum Beispiel allgemeine Bürotätigkeiten, Ablage, Büroeinkauf und
Materialverwaltung, Kommunikation mit anderen Dienstleistern, Niederschrift und
Korrektur von Gutachten, Pflege des Internetauftritts und des Blogs

Das sollten Sie mitbringen:

- Erfahrung in der Projektassistenz
- hohes Maß an Organisationstalent und Kommunikationsfähigkeit
- sehr gute PC-Kenntnisse
- Zuverlässigkeit, Verbindlichkeit, Termintreue, selbstständige Arbeitsweise
- souveränes und professionelles Auftreten nach außen
- Kenntnisse im Bereich Biologie.

Eine Affinität zum Thema Naturschutz ist wünschenswert, jedoch keine Voraussetzung.

Ich biete Ihnen:

- ein spannendes Tätigkeitsfeld in einem entspannten Arbeitsumfeld
- interessante Perspektiven und Platz für eigene Ideen und Kreativität
- die Möglichkeit, Ihre Arbeit zum Teil von zu Hause aus zu erledigen
- eine angemessene und individuelle Vergütung.

Bei Interesse kontaktieren Sie mich einfach!

Simone Meyer / Diplom-Biologin / Grüner werden!
s.meyer@gruenerwerden.de

Abbildung 8.2: Stellenausschreibung Projektassistenz

Auf welchem Weg Sie Ihre zukünftigen Mitarbeiter finden, ist auch eine Kostenfrage. Eine gedruckte Annonce kostet – je nach Auflage der Zeitung oder Zeitschrift und je nach Größe und Gestaltung des Inserats – zwischen zehn und mehreren hundert Euro. Auch im Internet können zumindest bei den großen Jobportalen zum Teil erhebliche Kosten anfallen. Günstiger und manchmal sogar kostenlos sind Inserate in Kleinanzeigenportalen. In Netzwerken oder Verbandsbörsen sind die Annoncen meist ebenfalls kostenlos.

Ist das Inserat einmal veröffentlicht, sollten Sie sich einen Fahrplan für die Mitarbeiterauswahl aufstellen. Dieser ist abhängig davon, wann Sie den Mitarbeiter zum ersten Mal zwingend einsetzen müssen. Von da an rechnen Sie Ihren individuellen Auswahlprozess zurück und setzen sich selbst Fristen: Bis wann wollen Sie eingehende Bewerbungen sammeln? In welchem Zeitraum sollen Bewerbergespräche geführt werden? Wann wollen Sie Ihre Entscheidung treffen?

Unabhängig davon, ob Sie sich Unterstützung für ein einzelnes Projekt wünschen oder dauerhaft eine Bürokraft suchen: Das Sammeln und Sichten der Bewerbungen ist ein entscheidender Teil des Prozesses. Ganz wichtig: Reagieren Sie mit einer ersten kurzen Antwort auf den Eingang der Bewerbung, bestätigen Sie, dass die Unterlagen angekommen sind und dass Sie noch etwas Zeit für Ihren Auswahlprozess benötigen. Denn die Bewerbungen sollten Sie sorgfältig sichten. Die nachfolgende Checkliste kann Ihnen dabei helfen. Je nach Position oder Art der Mitarbeit können Sie die Punkte unterschiedlich gewichten:

- Wie ist Ihr erster Eindruck?
  Notieren Sie sich immer, welchen Eindruck die Unterlagen auf den ersten Blick machen. Was sticht positiv hervor, was fällt negativ auf? Meist gibt dies Anhaltspunkte für eine genauere Bewertung.
- Wie sieht das Anschreiben aus?
  Unabhängig davon, ob es mit der Post oder per E-Mail kommt: Fehlerfreiheit und die Art der Darstellung sind hier ausschlaggebend.
- Werden die Motive für die Bewerbung klar?
- Ist der Lebenslauf lückenlos dargestellt?

Manchmal schließen Daten nicht nahtlos aneinander an, manchmal gibt es Brüche oder sogar Widersprüche. Hier sollten Sie gegebenenfalls im Gespräch nachhaken.

- Wie fallen die Noten und Arbeitszeugnisse aus?
  Zeugnisnoten sind eindeutig, Arbeitszeugnisse weniger. Denn letztere müssen positiv formuliert sein; hier ist es wichtig, dass Sie die Zeugnissprache kennen. Im Internet finden Sie dazu zahlreiche Hilfestellungen, mit denen Sie die üblichen Vokabeln deuten können.
- Gibt es Besonderheiten im Lebenslauf?
  Auslandsaufenthalte, spezielle Ausbildungen oder soziales Engagement sind vielleicht von Interesse oder geben Hinweise auf besondere Fähigkeiten.

Nachdem Sie die Bewerbungsunterlagen gesichtet haben, müssen Sie eine Entscheidung treffen, wen Sie zu einem Vorstellungsgespräch einladen. Wie viele Bewerber Sie einladen, hängt nicht nur von der Art der Mitarbeit, sondern auch von der Zahl der eingegangenen Bewerbungen ab. Um jedoch tatsächlich vergleichen zu können, sind mindestens drei Gespräche sinnvoll. Teilen Sie den ausgewählten Bewerbern einen Termin für das Gespräch mit.

Jetzt sind Sie am Zug. Bereiten Sie sich gut auf die Vorstellungsgespräche vor. Überlegen Sie, was Ihnen wichtig ist, denken Sie darüber nach, wie das Gespräch ablaufen sollte. Entwerfen Sie einen Fragenkatalog, mit dem Sie herausfinden können, ob der Bewerber den möglichen Anforderungen gerecht wird.

Beim Gespräch sollten Sie als Erstes Ihr Unternehmen vorstellen, bevor Sie den Bewerber/die Bewerberin befragen – etwa nach der beruflichen Entwicklung, der Motivation, den stellenbezogenen Kompetenzen und der zeitlichen Verfügbarkeit. Sie können dem Bewerber auch eine Probeaufgabe erledigen lassen, die zum künftigen Tätigkeitsfeld passt.

Erwünschte Kompetenzen können Sie durch gezielte Fragen erkennen. Beispiel Belastbarkeit: Hier könnten Sie etwa die Frage stellen, wie der Bewerber dafür sorgt, dass er auch bei Zeitdruck oder hoher Auslastung fast fehlerfrei arbeitet.

Die Vorlage »Ablauf eines Vorstellungsgesprächs« finden Sie auf der beigefügten CD.

Wichtig ist es aber auch, die Zwischentöne zu hören und auf das Verhalten des Gegenübers zu achten. Ist der Bewerber aufmerksam bei der Sache oder schaut er während des Gesprächs aus dem Fenster? Macht er sich Notizen und hakt nach oder konsumiert er nur die Informationen, die Sie geben? Und letztlich sollten Sie festhalten, wo mögliche Defizite des Bewerbers liegen und wodurch diese vielleicht ausgeglichen werden könnten.

Wenn Sie alle Gespräche geführt haben, nehmen Sie sich etwas Zeit, Ihre Eindrücke zu bewerten und Ihre Notizen zu analysieren (siehe Abb. 8.3).

	Kandidat 1	Kandidatin 2	Kandidatin 3	Favorit
Erster Eindruck				
Qualifikation				
Preisvorstellung				
Allgemeines Auftreten				
Zeitliche Verfügbarkeit				
Branchenkenntnis				
Allgemeines Interesse und Lernbereitschaft				
Projektkompetenz				
Internetkompetenz (Social Media)				
Marketingkompetenz				
Technikkompetenz / PC - Kenntnisse				
Administratives				
Sonstiges				

Weitere mögliche Kriterien:

- Leistungsbereitschaft
- Teamfähigkeit
- Kreativität
- Aufgeschlossenheit
- Sprachgewandtheit
- Motivation
- Initiative
- Kontaktfreude

Abbildung 8.3: Auswertung eines Vorstellungsgesprächs

Die Vorlage »Auswertung eines Vorstellungsgesprächs« finden Sie auf der beiliegenden CD.

Treffen Sie dann eine Entscheidung und machen Sie mit dem Wunschkandidaten einen Termin für die Arbeitseinweisung und den Vertrag aus. Vergessen Sie aber auch nicht, den Mitbewerbern abzusagen. So könnte eine mögliche Absage aussehen:

Guten Tag, Frau/Herr xy,

das ist ein typisches Dilemma: Es ist nur eine Position ausgeschrieben und es liegen viele qualifizierte Bewerbungen vor. Da fällt es wirklich schwer, richtig zu entscheiden.

Dennoch habe ich mich für eine andere Bewerberin/einen anderen Bewerber entschieden. Der Grund: Ihre/Seine Qualifikationen und Kompetenzen passten insgesamt besser zu den Aufgaben, die in dieser Position anfallen. Und dies war – neben einigen anderen Punkten – für mich das entscheidende Kriterium bei der Auswahl der neuen Mitarbeiterin/des neuen Mitarbeiters.

Ich bin mir sicher, dass Sie mit Ihrer Qualifikation bald in einem anderen Unternehmen Ihren Weg machen werden. Ich möchte mich für Ihre Bewerbung und Ihr Vertrauen in mein Unternehmen bedanken und wünsche Ihnen viel Erfolg bei Ihrer weiteren Suche!

Mit freundlichen Grüßen

Mit dem Wunschkandidaten schließen Sie nun einen Vertrag – je nach Art der Zusammenarbeit kann das ein Rahmenvertrag über eine freie Mitarbeit oder ein normaler Arbeitsvertrag sein. Hier wiederum gibt es einige Spielarten, wie Sie die künftigen Mitarbeiter beschäftigen können, zum Beispiel als Minijobber, studentische Aushilfen oder Teilzeitkräfte. Wichtig ist: Der Mitarbeiter sollte spätestens einen Monat nach Arbeitsbeginn einen schriftlichen Arbeitsvertrag erhalten, unabhängig davon, ob es sich um einen Minijobber, eine Teilzeit- oder Vollzeitkraft handelt. Nur bei kurzfristigen Beschäftigungsverhältnissen ist kein schriftlicher Arbeitsvertrag in dieser Frist erforderlich.

Grundsätzlich ist für einen Arbeitsvertrag formell nichts festgelegt und es gilt: Mündliche Verträge gelten ab dem ersten Tag der Beschäftigung! Ausnahme bilden befristete Arbeitsverhältnisse sowie gesetzliche Vorschriften und Tarifverträge beispielsweise. Trotzdem ist es empfehlenswert, das Wichtigste schriftlich festzuhalten, denn im Streitfall haben Sie als Arbeitgeber unter Umständen die Beweislast. Folgende Angaben und Elemente sollte ein Arbeitsvertrag enthalten:

- Name und Anschrift des Unternehmens und des Mitarbeiters
- Beginn und gegebenenfalls Ende des Arbeitsverhältnisses (bei befristeter Anstellung)
- Arbeitszeit (wie viele Stunden wöchentlich oder täglich; Arbeitsbeginn und Ende)
- Arbeitsort
- Beschreibung der Aufgaben
- Vergütung
- Zahl der Urlaubstage
- Kündigungsfrist
- Besondere Vereinbarungen (Verschwiegenheitserklärung, Wettbewerbsverbot, Nebentätigkeiten)
- Ausschlussklauseln
- Salvatorische Klausel (welche Rechtsfolgen sollen eintreten, wenn sich einzelne Vertragsbestandteile als unwirksam oder undurchführbar erweisen)
- Unterschriftsfeld

8.2 Minijobber, studentische Hilfen, Teilzeitkräfte

Minijobs sind Beschäftigungen, die entweder geringfügig entlohnt werden oder die wegen der kurzen Beschäftigung geringfügig sind. Geringfügig entlohnte Minijobs, besser bekannt als »400-Euro-Jobs«, sind für Arbeitnehmer attraktiv, weil sie brutto für netto verdienen, ihren Lohn ohne Steuerkarte abrechnen und ein wenig für ihre Rentenansprüche tun können. Die wöchentliche Arbeitszeit ist dabei unerheblich. Aber auch für Arbeitgeber kann diese Art der Zusammenarbeit interessant sein, denn sie können auf diese Weise einen echten Angestellten für ihr Unternehmen gewinnen und ihm die Zusammenarbeit durch den höheren Nettolohn schmackhaft machen. Und das sind die Voraussetzungen für die so genannte geringfügig entlohnte Beschäftigung, wie der Minijob im Amtsdeutsch heißt:

- Das monatliche Gehalt darf 400 Euro nicht überschreiten; bei durchgehender, mindestens zwölf Monate dauernder Beschäftigung pro Jahr liegt die Verdienstgrenze also bei 4 800 Euro.
- Mehrere Minijobs bei verschiedenen Arbeitgebern müssen zusammengerechnet werden. Wird die monatliche Grenze von 400 Euro

überschritten, so handelt es sich nicht mehr um versicherungsfreie Minijobs.

- Die pauschalen Abgaben für den Arbeitgeber belaufen sich maximal auf 30,74 Prozent des Verdienstes. Die Abgaben schlüsseln sich auf in 15 Prozent Beitrag zur Rentenversicherung, 13 Prozent zur Krankenversicherung, die einheitliche Pauschsteuer in Höhe von 2 Prozent sowie 0,74 Prozent Umlagen zum Ausgleich der Arbeitgeberaufwendungen bei Krankheit und Mutterschaft.

Für Sie als Arbeitgeber kostet ein Minijob also maximal 522,96 Euro pro Monat. Die pauschale Lohnsteuer entfällt, wenn doch per Lohnsteuerkarte abgerechnet wird. Und für Minijobber, die privat krankenversichert sind, zahlen Sie als Arbeitgeber keinen Pauschalbeitrag zur Krankenversicherung.

Da alle geringfügigen Beschäftigungsverhältnisse der gesetzlichen Unfallversicherungspflicht unterliegen, müssen Sie für jeden Minijobber Beiträge an die Berufsgenossenschaft abführen. Deren Höhe bemisst sich am Arbeitsentgelt und variiert je nach Unfallrisiko am Arbeitsplatz; meist werden die Beiträge jährlich eingezogen. Welche Berufsgenossenschaft zuständig ist, können Sie bei der Deutschen Gesetzlichen Unfallversicherung erfragen: http://www.dguv.de

Tipp

In der Berufsgenossenschaft sind nicht nur Ihre Mitarbeiter gesetzlich unfallversichert. Auch Sie als Arbeitgeber können sich freiwillig gegen das Risiko von Arbeitsunfällen oder Berufskrankheiten versichern lassen. Die Beiträge für Ihre freiwillige Versicherung richten sich zum einen nach der gewählten Versicherungssumme, zum anderen nach der Gefahrklasse Ihres Unternehmens.

Arbeitgeber müssen die 400-Euro-Jobber bei der Minijob-Zentrale melden, dort müssen auch die Beiträge gezahlt werden. Übrigens: Arbeitsrechtlich haben Minijobber grundsätzlich die gleichen Rechte und Pflichten wie normale Arbeitnehmer. Hat der Minijobber mindestens vier Wochen für das Unternehmen gearbeitet und wird nun unverschuldet krank, hat er einen gesetzlichen Anspruch auf Lohnfortzahlung durch den Arbeitgeber. Auch bezahlten Urlaub muss dieser Arbeitgeber seinem Minijobber gewähren; der Mindestanspruch beträgt 24 Werktage im Kalenderjahr. Allerdings geht das Bundesurlaubsgesetz dabei von sechs Werktagen (Montag bis Samstag) aus; der Urlaubsanspruch muss also auf die mit dem Mitarbeiter vereinbarten Arbeitstage heruntergerechnet werden. Darüber hinaus müssen Sie als Arbeitgeber die Voraussetzungen für den 400-Euro-Job nachweisen – insbesondere, dass der Arbeitnehmer nicht schon woanders einem solchen Minijob nachgeht. Lassen Sie sich deshalb vom Arbeitnehmer eine entsprechende Bestätigung unterschreiben.

Neben dem Minijob wegen geringfügig entlohnter Beschäftigung gibt es noch den wegen kurzfristiger, also eine zeitlich geringfügige Beschäftigung. Diese angestellten Aushilfen arbeiten maximal zwei Monate oder 50 Arbeitstage pro Kalenderjahr. Werden diese Voraussetzungen eingehalten, zahlen weder der Arbeitnehmer noch der Arbeitgeber Sozialversicherungsbeiträge. Als Arbeitgeber können Sie die Lohnsteuer für diesen Job über die Steuerkarte des Mitarbeiters abwickeln – oder aber Sie versteuern den Job pauschal mit 25 Prozent. Typische Beispiele für kurzfristige Beschäftigungen sind Krankheitsvertretungen oder Ferienjobs von Schülern oder Studierenden.

Die Vorlage »Vertrag Minijobber« finden Sie auf der beigefügten CD.

Tipp

Bei der kurzfristigen Beschäftigung spielt das Entgelt keine Rolle; allerdings darf die Tätigkeit nicht berufsmäßig sein, falls das Entgelt über 400 Euro im Monat liegt. Berufsmäßig bedeutet, dass der Job für Ihre Aushilfe von wirtschaftlicher Bedeutung ist. Ob das der Fall ist, kann manchmal nur sehr kompliziert geprüft werden. Lassen Sie sich im Zweifelsfall lieber beraten – denn wenn keine kurzfristige Beschäftigung vorliegt, drohen hohe Beitragsnachforderungen der Sozialversicherung!

Wenn Sie Studierende beschäftigen möchten, haben Sie aber auch andere Möglichkeiten, zum Beispiel das Werkstudentenprivileg. Das bedeutet, dass nur die Beiträge zur Rentenversicherung geleistet werden müssen. Außerdem sind die Grenzen für die Arbeitszeit großzügig gestaltet. Aber Achtung: Die Arbeitskraft des Studenten muss weiterhin vorrangig der Uni gelten. Ob das Werkstudentenprivileg im Einzelfall zutrifft, ist eine schwierig abzugrenzende Entscheidung. Bitten Sie im Zweifelsfall die Krankenkasse oder Sozialversicherungsträger um eine Einschätzung.

Häufig heißt es, dass die loyalsten Mitarbeiter die fest angestellten sind. Allerdings sind solche Bindungen für Sie kostspielig. Denn neben dem monatlichen Bruttogehalt müssen Sie die gesetzlichen Lohnnebenkosten zahlen. Das bedeutet: die Hälfte der Kranken-, Pflege-, Renten- und Arbeitslosenversicherungsbeiträge. Außerdem werden für die angestellten Kräfte Beiträge an die Berufsgenossenschaft fällig. Dazu kommt, dass die Lohnsteuer einen erheblichen Verwaltungsaufwand verursacht. Hier sollten Sie sich entweder eine intensive Fortbildung gönnen oder die Lohnabrechnung direkt vom Steuerberater erledigen lassen. Achtung: Wenn Sie als Freiberufler über die Künstlersozialkasse versichert sind, dürfen Sie nicht mehr als einen sozialversicherungspflichtigen Mitarbeiter beschäftigen. Ansonsten sind Sie selbst nicht mehr über die Künstlersozialkasse versichert.

Sie sollten also gut überlegen und vor allem nachrechnen, ob sich eine Teilzeit- oder Vollzeitkraft für Sie lohnt. Dies ist insbesondere dann der Fall, wenn

- Sie langfristig und kontinuierlich Unterstützung benötigen,
- die Tätigkeit regelmäßig, gegebenenfalls täglich, Präsenz in Ihrem Unternehmen erfordert,
- Sie den Mitarbeiter an Ihr Unternehmen binden wollen.

Die Beschäftigung von Voll- oder Teilzeitkräften kann zum Beispiel dann sinnvoll sein, wenn administrative Tätigkeiten einen Umfang annehmen, der Ihre eigene unternehmerische Arbeit in den Hintergrund drängt. Das wichtigste Kriterium ist, dass regelmäßig Arbeitsbedarf besteht; Ihre Auftragslage und Ihre finanzielle Situation sollten recht stabil sein, um die anfallenden Kosten zu bewältigen.

Tipp

Arbeitnehmer in Kleinbetrieben – das sind Unternehmen mit bis zu zehn Vollzeitbeschäftigten (Auszubildende nicht mit eingerechnet) – sind vom gesetzlichen Kündigungsschutz ausgenommen. Das gilt, wenn sie nach dem 31.12.2003 eingestellt worden sind. Diese Arbeitnehmer können also jederzeit aus sachlichen Gründen ordentlich gekündigt werden. Eine weitere Möglichkeit, Ihr Risiko bei der Anstellung eines neuen Mitarbeiters zu begrenzen ist, den Vertrag zu befristen. Dies ist mit sachlichem Grund bis zu zwei Jahre möglich und kann in dieser Frist dreimal verlängert werden.

8.3   Freie Mitarbeiter: Zusammenarbeit auf Zuruf

Wenn Sie mit Ihren Kapazitäten an Grenzen stoßen, die Auftragsbücher voll sind, brauchen Sie vielleicht Unterstützung von anderen Freiberuflern. Die Beschäftigung freier Mitarbeiter ist eine flexible Lösung für den projektbezogenen Arbeitsbedarf: Sie können punktuell bei bestimmten Aufträgen oder für einen bestimmten Kunden zusammenarbeiten. Oder aber Sie lassen sich auf bestimmten Gebieten von freien Mitarbeitern entlasten – das können Marketingaktivitäten oder administrative Tätigkeiten sein: Vielleicht brauchen Sie jemanden, der Ihr Büro auf Trab bringt und umorganisiert oder der Ihre Online-Aktivitäten bündelt und Ihren Internetauftritt pflegt. Bei all dem können freie Mitarbeiter Sie entlasten – und Sie haben ausschließlich die Kosten für die tatsächlich geleistete Arbeit, sprich das Honorar des Freien. Sozialabgaben müssen nicht gezahlt werden. Allerdings kann die Künstlersozialabgabe fällig werden, wenn Sie die kreative Leistung anderer Freiberufler in Anspruch nehmen.

Der Verwaltungsaufwand bei freien Mitarbeitern ist wesentlich geringer als bei abhängig Beschäftigten. Zudem kann man auf diese Weise eine Weile zusammenarbeiten, sich aber auch problemlos wieder trennen, wenn man feststellt, dass eine Zusammenarbeit nicht den eigenen Vorstellungen und Wünschen entspricht. Übrigens: Die freie Mitarbeit ist nicht auf die freien Berufe begrenzt, auch einfache

Tätigkeiten im gewerblichen Bereich können von freien Mitarbeitern erledigt werden.

Wenn Sie regelmäßig mit Freien zusammenarbeiten, sollten Sie mit ihnen einen Rahmenvertrag schließen. Hier können Sie die wichtigsten Eckpunkte der Tätigkeit und der Bezahlung festhalten. Ganz wichtig ist außerdem, dass Sie einen Passus aufnehmen, der Scheinselbstständigkeit ausschließt. Dieser könnte zum Beispiel so aussehen:

> Die freie Mitarbeiterin erklärt hiermit, nicht nur für die Auftraggeberin zu arbeiten, selbstständig über die Umstände ihrer Leistungserbringung entscheiden zu können und selbstständig als Unternehmer aufzutreten. Es ist der ausdrückliche Wunsch der freien Mitarbeiterin, dass das vorliegende Vertragsverhältnis als freies Mitarbeiterverhältnis praktiziert wird, damit sie auch anderen Tätigkeiten nachgehen kann.

Darüber hinaus sollten Sie Klauseln aufnehmen, die regeln, dass der freie Mitarbeiter selbst dafür zuständig ist, seine Honorare zu versteuern. Auch Verschwiegenheitsvereinbarungen und Wettbewerbsverbote sollten Sie in den Vertrag integrieren, um sich und Ihren Kundenstamm nicht zu gefährden.

Die Vorlage »Rahmenvertrag freier Mitarbeiter« finden Sie auf der beigefügten CD.

Erklärstück: Scheinselbstständigkeit

Freie Mitarbeiter bieten zwar gegenüber Aushilfen oder angestellten Arbeitnehmern den Vorteil, dass nur die geleistete Arbeit bezahlt werden muss. Allerdings gibt es hier die Falle der Scheinselbstständigkeit. Mitarbeiter, die faktisch wie abhängig Beschäftigte tätig sind, gelten als solche Scheinselbstständige. Da es keine eindeutige gesetzliche Regelung dazu gibt, haben Gerichte und Sozialversicherungsträger Abgrenzungskriterien entwickelt. Damit ist derjenige scheinselbstständig, der stark in die Arbeitsorganisation eingegliedert ist, persönlich oder wirtschaftlich abhängig vom Auftraggeber ist, kein Unternehmerrisiko eingehen muss und/oder keinen unternehmerischen Spielraum hat. Die Konsequenz: Wird Ihr freier Mitarbeiter etwa bei einer Prüfung als Arbeitnehmer eingestuft, können hohe Beitragsnachzahlungen fällig werden. Beantragen Sie daher am besten bei der Deutschen Rentenversicherung eine Statusklärung. Die Formulare für eine solche Statusfeststellung können Sie im Internet auf den Seiten der Deutschen Rentenversicherung herunterladen: http://www.deutsche-rentenversicherung.de.

8.4 Kooperation: Gemeinschaft erfolgreich managen

Sie können freie Mitarbeiter beschäftigen, aber Sie können darüber hinaus mit anderen Freiberuflern auch kooperieren. Dafür gibt es zahlreiche Möglichkeiten: Von der punktuellen Kooperation über die Bürogemeinschaft bis hin zur gemeinsamen Unternehmensgründung sind viele Varianten denkbar. Bevor Sie über eine Kooperation nachdenken, sollten Sie daher folgende Fragen für sich beantworten:

- Was verspreche ich mir von der Zusammenarbeit?
- Welche Ziele hat die Kooperation?
- Wer soll sich daran beteiligen?
- Mit welchen Kosten ist zu rechnen?
- Welcher organisatorische Aufwand ist zu stemmen?
- Wie soll die Haftung geregelt sein?
- Gibt es Konsequenzen für die Rechtsform?

Denkbar sind Kooperationen beispielsweise, um fehlende Kapazitäten oder mangelndes Know-how auszugleichen. In solchen Fällen können Sie zum Beispiel einen Kollegen empfehlen – und darauf bauen, dass dieser sich demnächst einmal mit der Weitergabe eines Auftrags revanchiert. Oder Sie beauftragen den Kollegen selbst gewissermaßen als Subunternehmer; dabei bleiben Sie für Ihren Kunden weiterhin Ansprechpartner und Koordinator. Wenn es darum geht, sich gemeinsam für einen größeren Auftrag zu bewerben, können Sie eine Bietergemeinschaft mit anderen Freiberuflern bilden, um den

Umfang des Auftrags erledigen zu können oder sämtliche geforderten Kompetenzen abzubilden. Eine solche Arbeitsgemeinschaft hat in der Regel die Rechtsform der Gesellschaft bürgerlichen Rechts (GbR).

Eine andere Form der Kooperation hat den Zweck, bestimmte Kosten für den Einzelnen zu senken. Dies ist etwa bei Bürogemeinschaften der Fall, wo sich die Partner nicht nur die Ausgaben für Miete und Nebenkosten, sondern gegebenenfalls auch für gemeinsame Angestellte – zum Beispiel eine Sekretärin oder Empfangspersonal – teilen. Eine Bürogemeinschaft ist eine Alternative zum Home Office oder zum Einzelbüro, ist aber nicht für jeden einsamen Einzelkämpfer geeignet. Denn es erfordert Kompromissbereitschaft und Toleranz, mit anderen das Büro zu teilen. Mit den richtigen Partnern kann die Bürogemeinschaft jedoch den Arbeitsalltag mit Erfahrungsaustausch und möglicherweise einem beruflichen Netzwerk bereichern. Denn Freiberufler, die zusammen in einer Bürogemeinschaft arbeiten, können – sofern dies berufsrechtlich zulässig ist – natürlich zusammenarbeiten; entweder bei einzelnen Projekten oder grundsätzlich. Auch hier gilt: Liegt ein gemeinsamer Zweck vor, nimmt die Bürogemeinschaft die Rechtsform der GbR an. Der Vertrag dazu wird in solchen Fällen konkludent, also stillschweigend, geschlossen.

> Mehr Informationen zum Thema Rechtsformen finden Sie in Kapitel 8.5 ab S. 228

Suchen Sie auf Dauer einen oder mehrere Kooperationspartner, sollten Sie nicht nur auf die fachliche Kompetenz achten, sondern auch auf die Arbeitsweise, die professionelle Einstellung des anderen und nicht zuletzt den Standort des möglichen Partners. Von Vorteil ist es, wenn Sie eine mögliche Kooperation in einem Testlauf prüfen können und anschließend gemeinsam die Zusammenarbeit bewerten. Manchmal hilft es, wenn man einen Coach zu Rate zieht, ob die Kooperationspartner für eine dauerhafte Zusammenarbeit zusammenpassen.

Bei einer Kooperation sollten Sie allerdings immer das Worst-case-Szenario vor Augen haben. Gehen Sie davon aus, dass es auch *nicht* funktionieren kann – und wappnen Sie sich dann gegen diesen Fall. Viele Freiberufler machen den Fehler, blauäugig in Kooperationen zu starten, und sind dann enttäuscht, wenn unterschiedliche Erwartungen oder unklare Vereinbarungen zum Bruch führen. Ob es um eine Büro- oder eine Arbeitsgemeinschaft geht: Sie sollten immer einen ausführlichen Kooperationsvertrag schließen. Hier sollten Sie festhalten, wie die Verantwortungsbereiche geregelt sind, wer welche gemeinsamen Aufgaben übernimmt und wie die Kooperation gegenüber Dritten auftritt. Daraus ergeben sich unter Umständen Konsequenzen für die Rechtsform. Klären Sie auch, wie die Kooperationspartner dafür haften, dass Aufträge ordnungsgemäß erfüllt werden. Und es muss festgelegt werden, wie der Gewinn verteilt wird und wie die Entnahmen geregelt werden. Möglich ist auch eine Provision für die Akquise von Aufträgen.

Tipp

Das Unternehmensportal des Bundeswirtschaftsministeriums bietet in seiner Unternehmenswerkstatt ein interaktives Lernprogramm, das in das Thema Kooperation einführt. Hier erfahren und lernen Sie, wie Sie sich optimal auf eine Kooperation vorbereiten können. Zusätzlich zum Programm gibt es eine Begleitbroschüre zum Download. http://www.bmwi-unternehmensportal.de (Unternehmenswerkstatt)

Wichtig ist außerdem, dass Sie eine Konfliktregelung einbauen. Denn mögliche atmosphärische Störungen sind nicht zu unterschätzen. Bauen Sie nicht auf Freundschaften unter Kollegen oder darauf, dass die Chemie stimmt, sondern klären Sie früh genug mit allen Beteiligten folgende Punkte:

Zehn Kooperations-Grundsätze[17]

»Ich kann mit jedem Partner kooperieren. Solange er tut, was ich sage.« Eine Zusammenarbeit nach diesem Motto kann nicht funktionieren. Jede Kooperation hat einige wichtige Grundsätze, die vor allem die ausgewogene Balance zwischen den Partnern widerspiegeln.

17 Bundesministerium für Wirtschaft und Technologie (Hrsg.): *GründerZeiten Nr. 11. Kooperationen*, Berlin 2010.

1. Jeder Partner muss von einer Kooperation profitieren können (die berühmte Gewinner-Gewinner-Situation).
2. Das Kooperations-Ziel muss präzise formuliert sein.
3. Erwartungen und Zielvorstellungen der Partner müssen vor Beginn der praktischen Zusammenarbeit auf einen Nenner gebracht werden.
4. Die einzelnen Kooperations-Maßnahmen, Termine, Kosten usw. müssen eindeutig festgelegt sein.
5. Die Aufgaben und Kompetenzen müssen klar verteilt werden. Nur so kann die Zusammenarbeit tatsächlich arbeitsteilig Hand in Hand erledigt werden.
6. Die Kosten- und Ergebnisverteilung muss vorher festgelegt werden. Jeder Partner muss angemessen vom Erfolg der Kooperation profitieren.
7. Jeder Partner muss die gleichen Rechte und Pflichten haben.
8. Jeder Partner muss kompromissbereit sein. Keiner darf versuchen, den anderen zu »überfahren«.
9. Jeder Partner muss sich gleichermaßen für die Kooperation engagieren, also Personalkapazität und Zeit zur Verfügung stellen.
10. Die Mitarbeiter jedes Partner-Unternehmens müssen die Kooperationsziele und -maßnahmen kennen, akzeptieren und mittragen.

Tipp

Konflikte treten immer auf, wenn Menschen zusammenarbeiten. Damit diese Konflikte nicht zu dauerhaften atmosphärischen Störungen führen, sollten Sie ein Alarmsystem einbauen. Dies lässt sich beispielsweise mit einem vorab vereinbarten Kennwort in Gang setzen. Hat einer der Partner ein Problem mit einer bestimmten Vorgehensweise, äußert er das Kennwort und bittet um ein Gespräch. Gegebenenfalls können Sie zu einem solchen Gespräch einen unbeteiligten Dritten hinzuziehen.

8.5 Gemeinsam nicht mehr einsam: Vergrößern und Rechtsform wechseln

Manchmal ergibt sich bei Kooperationen automatisch eine neue Rechtsform, ein neues Unternehmen. Manchmal möchten Freiberufler die Rechtsform wechseln, um sich nach außen hin anders zu präsentieren. Aber vor allem geht es darum, dem größer gewordenen Unternehmen ein neues, womöglich besseres Gewand zu geben.

Denn die optimale Rechtsform für alle Gelegenheiten gibt es nicht. War das Einzelunternehmen bei der Existenzgründung noch die richtige Wahl, kann sich dies im Laufe der Zeit ändern, etwa durch die Zusammenarbeit mit Partnern oder einen wachsenden Kapitalbedarf. Entscheidend ist, was Sie selbst wollen – und was Sie zu tun bereit sind und mit wem, ob alleine oder mit Partnern. Wichtig ist beispielsweise, ob Sie möglichst wenig Formalitäten auf sich nehmen oder ob Sie Ihre Haftung so weit es geht beschränken wollen. In manchen Branchen gehören bestimmte Rechtsformen gewissermaßen zum guten Ton, wenn man mit der Konkurrenz mithalten will. Und natürlich sollten die Kosten bei den eigenen Überlegungen zur Wahl der Rechtsform nicht außer Acht gelassen werden. Um die richtige Wahl zu treffen, sollten Sie sich zunächst über die Erfordernisse für Ihr Unternehmen klar werden. Wägen Sie das Für und Wider gut ab und holen Sie sich fachlichen Rat von Ihrem Steuerberater oder einem auf Gesellschaftsrecht spezialisierten Fachanwalt. Nur so kann die Wahl der Rechtsform individuell auf Ihr Unternehmen abgestimmt werden.

Die meisten Freiberufler sind irgendwann als *Einzelunternehmen* gestartet. Geführt wird das Einzelunternehmen – wie es schon der Begriff vermuten lässt – vom Inhaber allein. Und dieser haftet mit seinem gesamten Vermögen. In der Buchhaltung reicht die einfache Einnahmen-Überschuss-Rechnung.

Mehr Informationen zum Thema Einnahmen-Überschuss-Rechnung finden Sie in Kapitel 4 ab S. 105

Wenn mehrere sich zusammentun, um gemeinsam unternehmerisch tätig zu werden, sind sie meist schon automatisch eine *Gesellschaft bürgerlichen Rechts (GbR)*. Dies gilt auch dann, wenn die einzelnen Partner unterschiedlichen Tätigkeiten nachgehen. Die GbR heißt im Rechtsdeutsch BGB-Gesellschaft, da für sie das Bürgerliche Gesetzbuch und nicht das Handelsgesetzbuch gilt. Die GbR stellt die Grundform aller Personengesellschaften dar und entspricht sowohl von den formalen Anforderungen als auch in Haftungsfragen weitgehend dem Einzelunternehmen: Auch hier ist kein Mindestkapital erforderlich, sämtliche Gesellschafter haften persönlich und unbeschränkt. Sie können allerdings im Innenverhältnis durch einen Gesellschaftervertrag Sonderregeln vereinbaren. Eine formelle Gründung ist rechtlich nicht notwendig, der Gesellschaftsvertrag ist grundsätzlich formlos, das heißt, er ist nicht zwingend vorgeschrieben. Er muss weder schriftlich abgefasst sein noch notariell beurkundet. Für den Fall der Fälle empfiehlt es sich aber, in der GbR einen maßgeschneiderten Gesellschaftsvertrag abzufassen.

Beispiel aus der Praxis

Der Drehbuchautor Till Selbacher entschied sich vor einem Jahr gemeinsam mit einem Geschäftspartner für die GbR als Rechtsform. Da sie viele Projekte gemeinsam bearbeiteten, fanden es die beiden irgendwann einfacher, auf gemeinsame Rechnung mit gemeinsamer Buchhaltung zu arbeiten. Außerdem sehen sich die beiden Autoren nun gegenseitig als Kontroll- und Redigierinstanz. Obwohl das Vertrauen der befreundeten Geschäftspartner groß war, wollten sich beide gegen mögliche Konflikte absichern und dem Finanzamt gegenüber keine Angriffsfläche bieten. Sie schlossen einen GbR-Vertrag und regelten darin alles Notwendige, zum Beispiel, wer was in die GbR einbringt, wie viel Arbeit jeder übernimmt und wie die Gewinne verteilt werden. Zudem ist geregelt, was im Falle einer Auflösung geschieht.

Im Rechtsverkehr tritt die GbR übrigens nur unter dem Namen aller Gesellschafter auf, sie darf aber zusätzlich einen Fantasienamen führen. Ähnlich wie bei Einzelunternehmen reicht für die GbR die Einnahmen-Überschuss-Rechnung, die Gewinne werden anteilig den Gesellschaftern zugeschlagen, die diese in ihrer persönlichen Einkommensteuererklärung versteuern müssen.

Für Freiberufler gibt es seit einigen Jahren eine besondere Rechtsform: die *Partnerschaftsgesellschaft*. Sie bietet sich für Unternehmer an, die mit Partnern kooperieren, aber trotzdem eigenverantwortlich bleiben wollen. Und sie ist im gewissen Sinne eine günstige Alternative zur GmbH: Denn zwar haftet die Gesellschaft mit dem gesamten Gesellschaftsvermögen, die Gesellschafter selbst haften jedoch nur bei fehlerhaftem Handeln, dann aber mit ihrem Privatvermögen. Besteht für die beteiligten Freiberufler eine Pflicht zum Abschluss einer Berufshaftpflichtversicherung, sieht das Gesetz vor, dass eine Haftungsbeschränkung auf einen bestimmten Höchstbetrag zugelassen werden kann. Die Partnerschaftsgesellschaft ist gerade für die steuer- und rechtsberatenden Berufe eine attraktive Alternative zur Sozietät, die meist in Form der GbR geführt wird. Allerdings steht eine »Verpartnerung« in der Regel unter dem Vorbehalt der jeweiligen Berufsordnung. Diese sollten Sie also vorab einsehen oder gegebenenfalls die zuständige Kammer befragen.

Die Gründung ist nicht ganz so aufwendig wie die einer GmbH, allerdings ist ein schriftlicher Partnerschaftsvertrag notwendig. Die Gesellschaft wird außerdem in das Partnerschaftsregister beim Amtsgericht eingetragen. Ähnlich wie bei der GbR genügt eine einfache Einnahmen-Überschuss-Rechnung; die Gewinne der Gesellschaft werden am Jahresende festgestellt und der persönlichen Einkommensteuer der Gesellschafter unterworfen. Ein weiterer Vorteil gegenüber der GmbH: Die Partnerschaftsgesellschaft ist von der Gewerbesteuer befreit. Die Namensgebung ist bei der Partnerschaftsgesellschaft streng geregelt: Fantasiezusätze sind zwar erlaubt, aber es müssen sämtliche Gesellschafter mit Namen und dem Zusatz »Partner« oder »Partnerschaft« im Firmennamen auftauchen, ebenso sämtliche Berufsbezeichnungen der vorhandenen Gesellschafter.

Einzelunternehmen, GbR und Partnerschaftsgesellschaft: Sie alle zählen zu den Personengesellschaften. Daneben gibt es noch die Kapitalgesellschaften, von denen die *GmbH* bzw. die GmbH & Co. KG – eine Kombination aus Personen- und Kapitalgesellschaft – die interessantesten für Freiberufler sind. Ob Sie sich für eine Personengesellschaft oder eine Kapitalgesellschaft entscheiden, hängt auch von Ihren unternehmerischen Zukunftsplänen ab. Denn eine Personengesellschaft kann später noch in eine Kapitalgesellschaft umgewandelt werden. Umgekehrt ist das schwieriger. Die Vorteile der Kapitalgesellschaften liegen vor allem in der Haftungsbeschränkung: Denn es ist nicht unerheblich, wer für die Verbindlichkeiten des Unternehmens einstehen muss. Eine persönliche Haftung birgt die Gefahr, dass berufliche Rückschläge gleichzeitig die private Existenz des Unternehmers und seiner Familie bedrohen. Die GmbH haftet dagegen gegenüber Geschäftspartnern nur bis zur Höhe des Stammkapitals. Die einzelnen Gesellschafter haften dabei mit ihrem jeweiligen Anteil an diesem Stammkapital. Achtung: Das betrifft nicht die Haftung der einzelnen Gesellschafter gegenüber der Bank. Hier haften die Gesellschafter, wenn sie sich beispielsweise Geld geliehen haben, auch mit ihren privaten Sicherheiten.

Eine Alternative zur normalen GmbH ist die so genannte *Unternehmergesellschaft (haftungsbeschränkt)*. Sie ist keine neue Rechtsform, sondern eine GmbH mit einem geringeren als dem Mindestkapital, das im GmbH-Gesetz vorgeschrieben ist; außerdem hat sie eine besondere Bezeichnung. Das Stammkapital insgesamt muss mindestens einen Euro betragen. Ab 25 000 Euro wird keine Unternehmergesellschaft mehr gegründet, sondern eine »normale« GmbH.

Der Wechsel der Rechtsform ist der finale Schritt Ihres Wachstumsprozesses. Sie sollten sich daher Zeit nehmen, dieses (vorerst) letzte Stück auf dem Weg in die nächsthöhere Liga zu beschreiten – zumal ein Rechtsformwechsel allein rein formal mindestens einen Zeitraum von drei Monaten umfassen kann. Reflektieren Sie also noch einmal: Haben Sie alle Eventualitäten bedacht und sich gut beraten lassen? Haben Sie die Kosten, zum Beispiel für Beurkundung, Bekanntmachung, neue Geschäftsausstattung und Marketing, ausführlich durchgerechnet? Haben Sie über einen neuen Unternehmensnamen nachgedacht, den Namenszusatz gegebenenfalls beim Deutschen Patent- und Markenamt schützen lassen? Haben Sie das richtige Team zusammen und alle Details vertraglich geregelt? Und nicht zuletzt: Ist die Zeit reif für diesen Schritt? Denn der Wechsel der Rechtsform bedeutet nicht nur Vergrößerung, sondern im besten Fall auch Wachstum. Und dafür sollten Sie eine gut ausgearbeitete Strategie in der Tasche haben.

	Einzelunter-nehmen	Gesellschaft bürgerlichen Rechts (GbR)	Partnerschaftsge-sellschaft	Gesellschaft mit beschränkter Haftung (GmbH)	Unternehmer-gesellschaft (haftungsbe-schränkt)
Voraus-setzung	entsteht auto-matisch, wenn ein Unterneh-mer allein ein Geschäft er-öffnet. Es gibt nur einen Be-triebsinhaber.	Wer sich mit einem oder mehreren Partnern zusam-menschließt, bildet automa-tisch eine Ge-sellschaft bür-gerlichen Rechts (GbR oder BGB-Gesellschaft).	spezielle Rechtsform für Freiberufler, die miteinander koope-rieren wollen	Es kann einen oder mehrere Gesell-schafter geben, von denen einer oder mehrere als Geschäftsführer ausgewiesen sind. Auch angestellte Geschäftsführer sind möglich.	Für die Unter-nehmergesell-schaft ist min-destens ein Ge-sellschafter erforderlich.
Vertrag	Nicht notwen-dig	Besondere Formalitäten sind nicht er-forderlich, sogar eine mündliche Vereinbarung reicht, wenn auch ein schriftlicher Vertrag emp-fehlenswert ist.	Ein schriftlicher Partnerschaftsver-trag ist vorgeschrie-ben. Die Gesell-schaft muss in das Partnerschaftsregis-ter beim Amtsgericht eingetragen werden.	Eine notarielle Beurkundung des Gesellschaftsver-trags und Eintra-gung ins Handels-register ist zwin-gend.	Für einfache Standardgrün-dungen reicht ein Musterpro-tokoll. Die Un-ternehmerge-sellschaft muss ins Handelsre-gister eingetra-gen werden.
Kapital	Mindestkapital ist nicht vor-geschrieben.	Mindestkapital ist nicht vor-geschrieben.	Mindestkapital ist nicht erforderlich.	Das Stammkapital der Gesellschaft muss mindestens 25 000 Euro betra-gen. Jeder Gesell-schafter muss eine Einlage leisten.	Das Stammkapi-tal beläuft sich auf einen Euro pro Gesellschaf-ter.
Haftung	Haftung mit Privatvermö-gen	Die Mitglieder der Gesell-schaft haften jeweils mit ihrem Privat-vermögen für alle Verbind-lichkeiten der Gesellschaft.	Die Partnerschafts-gesellschaft haftet mit ihrem Geschäfts-vermögen und dem Privatvermögen der Gesellschafter. Für Fehler in der Be-rufsausübung haftet jeweils nur der han-delnde Partner.	Die Gesellschaft haftet gegenüber Geschäftspartnern und auch anderen Gläubigern – etwa dem Finanzamt – mit ihrem gesam-ten Vermögen. Die Gesellschafter haften mit ihrer Einlage.	Unter bestimm-ten Vorausset-zungen kommt eine Gesell-schafterhaftung nach dem nor-malen GmbH-Recht in Frage.
Sonstiges	Umsätze und Geschäftsver-kehr erfordern keine voll-kaufmänni-sche Einrich-tung wie eine bestimmte aufwendige Buchhaltung.		Für einzelne Berufe kann eine Haftungs-beschränkung auf einen bestimmten Höchstbetrag zuge-lassen werden, wenn zugleich eine Pflicht zum Ab-schluss einer Be-rufshaftpflichtversi-cherung der Partner oder der Partner-schaft begründet wird.	Kreditgeber ver-langen in der Re-gel bei der Auf-nahme von Kredi-ten private Sicher-heiten.	Die Unterneh-mergesellschaft (haftungsbe-schränkt) ist als Vorstufe zur normalen GmbH konzipiert. Da-her dürfen Ge-winne nicht voll ausgeschüttet werden; es müssen Rückla-gen gebildet werden. Ist das Stammkapital der normalen GmbH erreicht, entfallen diese Pflichten.

Abbildung 8.4: Rechtsformen von Unternehmen

Die Expertenmeinung – Constanze Hacke im Gespräch mit ...

... Jana Berthold, Rechtsanwältin für UnternehmerInnen, Unternehmens- und Existenzgründungsberatung, Gründungscoach, Berlin

Constanze Hacke: Warum arbeiten – vor allem im kreativen Bereich, aber nicht nur dort – viele Freiberufler allein, ohne Mitarbeiter?

Jana Berthold: Die Entscheidung gegen die Beschäftigung von Mitarbeitern hat in erster Linie wirtschaftliche Ursachen. Wer Mitarbeiter beschäftigen will, muss sich sicher sein, dass seine finanzielle Situation dies hergibt. Erforderlich ist also eine gewisse finanzielle Stabilität. Dies gilt insbesondere für die Einstellung von abhängig Beschäftigten, da die hierdurch entstehenden monatlichen Fixkosten nicht immer mit der aktuellen Auftragslage harmonieren. Gerade im kreativen Bereich ist die Auftragslage häufig schwankend. So bergen Mitarbeiter oft das Risiko finanzieller Überforderung.

Häufig scheuen sich kreative Freiberufler aber auch aus persönlichen Gründen vor personellen Erweiterungen. Es ist bemerkenswert, wie schwer es vielen Unternehmern trotz enormer Arbeitsbelastung fällt, Aufgaben zu delegieren und Arbeiten abzugeben, weil sie es in jahrelanger Übung gewohnt sind, allein zu arbeiten und jeden einzelnen Arbeitsschritt kontrollieren und beeinflussen zu können. Eine nicht unerhebliche Rolle spielt dabei zum einen die Angst vor einer unbefugten Nutzung eigener Ideen und kreativer Leistungen durch Mitarbeiter und zum anderen die Befürchtung, von der Außenwelt nicht mehr als alleiniger Schöpfer des kreativen Produkts anerkannt zu werden. Dabei kann diesen Szenarien oft bereits im Vorfeld durch eine individuelle anwaltliche Beratung und entsprechende juristische Maßnahmen effektiv entgegengewirkt werden. Im Übrigen kommt eine erfolgreiche Mitarbeiterführung aber nie ganz ohne die Fähigkeit aus, loszulassen und zu vertrauen.

Constanze Hacke: Welche Form der Mitarbeit würden Sie für welche Tätigkeit empfehlen?

Jana Berthold: Bei der Wahl der geeigneten Mitarbeiterform spielen verschiedene Kriterien eine Rolle. Entscheidend ist zunächst die Auftragslage, die einerseits den finanziellen Rahmen absteckt und andererseits den Arbeitsbedarf definiert. Daneben sind die Mitarbeiterkosten zu berücksichtigen. Nicht immer und in jeder Situation sind freie Mitarbeiter kostengünstiger als Angestellte. Schließlich ist auch der Inhalt der zu erledigenden Aufgaben maßgeblich. Während sich zum Beispiel für administrative Arbeiten häufig abhängige Beschäftigungsverhältnisse anbieten, lassen sich kreative, projektbezogene Aufgaben oft besser in freier Mitarbeit oder innerhalb einer Gesellschaft bürgerlichen Rechts erledigen. Die Einstellung abhängig beschäftigter Mitarbeiter bietet sich bei regelmäßigem Arbeitsbedarf und stabiler Auftragslage an. Zwar trifft den Arbeitgeber auf der einen Seite eine Reihe von arbeitsrechtsspezifischen Ansprüchen. Auf der anderen Seite lassen sich qualifizierte Mitarbeiter durch feste Anstellung aber langfristig an das Unternehmen binden und sind bei regelmäßigem Bedarf und guter Auslastung unterm Strich oft günstiger als Honorarkräfte.

Noch ein Wort zu Auszubildenden und Praktikanten: Die Ausbildung von Mitarbeitern im eigenen Betrieb lohnt sich langfristig, denn ein gut ausgebildeter Azubi oder Volontär stellt eine wertvolle Arbeitskraft für das Unternehmen dar. Wer allerdings allein aus Kostengründen auf Azubis, Volontäre, Umschüler oder Praktikanten als Alternative zu fertig ausgebildeten Mitarbeitern ausweicht, sei ausdrücklich gewarnt. Diese Rechnung geht nur selten auf. Es wird dabei nämlich häufig vernachlässigt, dass Auszubildende ihr Handwerk noch nicht beherrschen, sondern dies im Betrieb des Unternehmers erst erlernen wollen. Sie sind keine vollwertigen Arbeitskräfte, sondern müssen angeleitet und überwacht werden. Hierzu bedarf es Zeit und Geduld, die eingeplant werden muss.

Constanze Hacke: Welche Fallstricke gilt es bei der Beschäftigung von Mitarbeitern zu beachten?

Jana Berthold: Es gibt zahlreiche Fallstricke, deren Aufzählung den Rahmen hier deutlich sprengen würde. Viele von ihnen lassen sich jedoch durch eine frühzeitige juristische Beratung erkennen und umgehen. Ein weit verbreiteter Irrglaube ist zum Beispiel, dass mündliche Absprachen keine Rechtsgültigkeit haben. Das ist falsch. Die meisten Verträge können mündlich, ja sogar stillschweigend, abgeschlossen werden. Eine schriftliche Form ist nur in wenigen gesetzlich geregelten Fällen zwingend vorgeschrieben. Folglich stellt auch eine mündliche Absprache in den meisten Fällen einen rechtlich verbindlichen Vertrag dar, der erfüllt werden muss.

Ungeachtet dessen sollten Verträge grundsätzlich schriftlich abgeschlossen werden. Dies gilt insbesondere für Arbeitsverträge, Honorarverträge, Kooperations-Verträge und Gesellschaftsverträge. Wer sich allein auf mündliche Absprachen verlässt, befindet sich im Streitfall in Beweisnot. Zudem sollten Verträge stets juristisch überprüft werden. Häufig verwendete Musterverträge werden den individuellen Anforderungen und Bedürfnissen nur selten gerecht. Ein erfahrener Anwalt erkennt schnell den vorhandenen Regelungsbedarf und stimmt Verträge auf die aktuelle Rechtsprechung und die Gesetzeslage ab. Auf diese Weise lassen sich Streit- und Konfliktfälle oft schon von vornherein vermeiden.

Wer die Beschäftigung freier Mitarbeiter erwägt, sollte sich außerdem unbedingt mit dem Thema der »Scheinselbstständigkeit« vertraut machen. Hiervon spricht man, wenn jemand zwar nach der zu Grunde liegenden Vertragsgestaltung als freier Mitarbeiter tätig ist, tatsächlich aber nichtselbstständige Arbeiten in einem abhängigen Beschäftigungsverhältnis leistet. Stellt die Rentenversicherung bei einer Betriebsprüfung fest, dass der »freie Mitarbeiter« in Wirklichkeit als abhängig Beschäftigter einzustufen ist, muss der Arbeitgeber die während der Dauer der Beschäftigung angefallenen Sozialversicherungsbeiträge sowie die Lohnsteuer rückwirkend nachzahlen. Gerade bei jahrelanger Beschäftigung kann eine solche Nachzahlungsverpflichtung verheerende Auswirkungen auf die wirtschaftliche Situation eines Unternehmens haben und sogar zur Insolvenz führen. Aus diesem Grund ist es unerlässlich, den Status des Mitarbeiters frühzeitig abzuklären und entsprechend zu behandeln.

Constanze Hacke: Die juristischen und vertraglichen Aspekte sind nur eine Seite der Medaille; als Chefin muss ich Mitarbeiter auch führen können. Wie fülle ich diese Chefrolle kompetent aus?

Jana Berthold: Die Führung von Mitarbeitern erfordert ein hohes Maß an sozialer Kompetenz, die nicht jedem Unternehmer in die Wiege gelegt wurde. Sie lässt sich aber zum Beispiel in Trainingsprogrammen erlernen und schulen. Hinsichtlich des richtigen Führungskonzeptes gibt es die unterschiedlichsten Ansätze. Meines Erachtens fehlt es Führungsstilen, die auf Druck und Angst basieren, an Nachhaltigkeit, denn nur ein glücklicher Mitarbeiter ist ein guter Mitarbeiter. Fühlt sich der Mitarbeiter im Betrieb nicht wohl, droht die Gefahr der »inneren Kündigung«. Mangelnde Leistungsfähigkeit und häufiges krankheitsbedingtes Fehlen sind die Folge. Es sollte daher stets versucht werden, Mitarbeiter dazu zu bewegen, sich mit dem Unternehmen zu identifizieren und es aus eigenem Antrieb voranbringen zu wollen.

Nehmen Sie Ihre Mitarbeiter ernst und beziehen Sie diese in unternehmerische Entscheidungen ein. Auf keinen Fall sollten die Lorbeeren für ein erfolgreich abgeschlossenes Projekt allein eingeheimst werden. Niemals sollten gute Leistungen für selbstverständlich betrachtet, sondern stets angemessen honoriert und gelobt werden. Ermuntern Sie Ihre Mitarbeiter zudem, offen und direkt auf Missstände hinzuweisen und hören Sie zu. Äußern Sie Kritik so, dass Sie auch angenommen werden kann.

Wie Sie als Freiberufler langfristig erfolgreich werden – und bleiben

Auf Dauer am Markt erfolgreich zu sein und als Freiberufler professionell zu agieren, ist eine schwierige und komplexe Aufgabe. Sie haben sich dafür entschieden, diesen Wendepunkt in Ihrem Unternehmerleben ernst zu nehmen und sich der Aufgabe zu stellen. Sie wollen Ihren Lebensunterhalt komfortabel bestreiten können und eine Position am Markt finden, die Ihnen guttut. Sie wollen für Ihre Wunschkunden Aufträge und Projekte bearbeiten, die rentabel sind und Spaß machen. Sie wollen richtig gut sein in Ihrem Job und andere davon wissen lassen. Sie wollen der Experte sein auf Ihrem Gebiet und diese Kompetenz vermarkten. Sie wollen Ihrem Beruf gerecht werden, aber auch Ihrer Familie und Ihrem Privatleben eine wichtige Rolle zukommen lassen. Und Sie wollen sich auf den Weg zu mehr Wachstum begeben, gemeinsam mit Mitarbeitern und Partnern. Sie haben gesehen, dass dies möglich ist – wenn Sie die richtigen Schritte tun.

In acht Schritten zum Profi-Freiberufler:

Schritt 1: Bestandsaufnahme machen

Bestimmen Sie Ihren Status quo. Nur wenn Sie wissen, wo Sie stehen, haben Sie den Anfang des Weges gefunden, von dem aus Sie sich aufmachen können. Ziehen Sie Bilanz, wie Ihre Freiberuflichkeit bisher verlaufen ist und wo Sie sich unternehmerisch momentan befinden.

Schritt 2: Kalkulation nachrechnen

Jetzt müssen die Zahlen her: Stimmt das Fundament Ihrer Kalkulation noch oder laufen Theorie und Praxis auseinander? Checken Sie Ihre betriebswirtschaftlichen Daten und prüfen Sie, ob das Ganze noch mit den Honoraren übereinstimmt, die Sie fordern. Drehen Sie an den kalkulatorischen Stellschrauben, falls nötig.

Schritt 3: Kompetenzen und Kunden analysieren

Wenn Sie noch nie über Ihr Alleinstellungsmerkmal nachgedacht haben, sollten Sie es spätestens jetzt tun. Und Sie sollten einen genaueren Blick auf Ihre Auftraggeber werfen: Warum kommen sie zu Ihnen, wie viel Geld bringen sie ein, wie viel Arbeit machen sie? Bewerten Sie Ihre Kunden – und ziehen Sie Ihre Schlüsse daraus.

Schritt 4: Verhandeln und Zahlen interpretieren

Nun geht es weiter in die Praxis: Können Sie die Honorare, die Sie kalkuliert haben, am Markt durchsetzen? Oder müssen Sie an Ihrem Verhandlungsgeschick arbeiten? Und um Ihre Unternehmenszahlen zu interpretieren, müssen Sie kein Buchhaltungsexperte werden. Sie sollten aber wissen, was Ihnen Ihre Buchführung sagen kann – und welche Konsequenzen Sie daraus ableiten sollten. Zum Beispiel für Ihre Finanz- und Liquiditätsplanung.

Schritt 5: Positionierung überprüfen

Ihre Positionierung am Markt kann sich verschieben, Ihr Alleinstellungsmerkmal sich verändern. Finden Sie heraus, ob Ihr USP noch zu Ihren derzeitigen Kunden passt und umgekehrt. Verkleinern Sie Ihren Bauchladen und suchen Sie sich eine Nische, um die Konkurrenz aus dem Spiel zu halten. Und denken Sie daran: Spezialisierung hilft, im Markt der Dienstleister aufzufallen. Das gilt besonders, wenn mehrere spezialisierte Merkmale bei Ihnen zusammentreffen.

Schritt 6: Wunschkunden finden

Machen Sie einen Akquiseplan, auch wenn Sie das Gefühl haben, dass Sie genug Arbeit auf dem Schreibtisch haben. Suchen Sie nach Kunden, die zu Ihrer Positionierung passen. Vermarkten Sie Ihren Expertenstatus und nutzen Sie dazu alle Medien, die Ihnen und Ihrer Zielgruppe liegen. Und probieren Sie ruhig auch mal etwas aus, was Sie noch nicht kennen.

Schritt 7: Work-Life-Balance herstellen

Bringen Sie Ihre Arbeit und Ihr Privatleben miteinander in Einklang. Dies gilt vor allem, wenn Sie freiberuflich arbeiten und Kinder haben. Organisieren Sie Ihre Arbeit effizient und suchen Sie nach

Netzwerklösungen. Stellen Sie Notfallpläne auf – und setzen Sie auch auf Gelassenheit.

Schritt 8: Delegieren lernen

Wenn Sie vieles richtig machen, haben Sie schneller als Sie denken gut zu tun. Sie sind gut ausgelastet und sollten sich nun Hilfe holen. Denken Sie also über Mitarbeiter nach und darüber, welche Arbeit Sie auslagern können. Vielleicht lohnt es sich auch, eine Profimannschaft zusammenzustellen oder gemeinsam mit anderen Freiberuflern den Weg zum tragfähigen Erfolg einzuschlagen.

Sie haben aus diesem Buch hoffentlich viel mitnehmen können. Jetzt müssen Sie nur noch eines tun: einfach anfangen.

Ich wünsche Ihnen viel Erfolg!

Ihre
Constanze Hacke
Köln, im Oktober 2011

Die Experten

 **Jana Berthold** ist Rechtsanwältin in Berlin und ist vor allem Ansprechpartnerin für kreative Unternehmer und Unternehmerinnen. Neben ihrer Tätigkeit als Rechtsanwältin ist sie als Dozentin in verschiedenen Bildungseinrichtungen tätig und begleitet als Unternehmensberaterin Existenzgründer auf ihrem Weg in die Selbstständigkeit. Kontakt:
info@janaberthold.de
Homepage:
www.janaberthold.de

 **Andreas Buhr**, »die Umsatz-Maschine«, ist einer der bekanntesten Speaker im Bereich Führung und Vertrieb. Der Experte für Führung im Vertrieb ist Vollblutunternehmer und erfolgreicher Trainer, Buchautor, Referent und Vorstand der go! Akademie für Führung und Vertrieb AG. Ausgezeichnet als Top-Referent 2008 und Trainer des Jahres 2009 zählt er seit 2010 zu den Certified Speaking Professionals der National Speakers Association (NSA). Kontakt:
info@go-akademie.com
Homepage:
www.go-akademie.com

Frauke Greven ist geschäftsführende Gesellschafterin der Firma Spielraum – Projekt Vereinbarkeit gGmbH, Köln, Hamburg. Die Diplom-Arbeitswissenschaftlerin arbeitet seit mehreren Jahren zu Themen der Vereinbarkeit von Beruf und Familie. Frauke Greven engagiert sich zudem in einigen Verbänden und Vereinigungen und ist unter anderem Vorstand im Verband berufstätiger Mütter e. V.
Kontakt:
info@spielraum-ggmbh.de
Homepage:
www.spielraum-ggmbh.de

Susanne Günter ist Steuerberaterin und betreibt eine eigene Kanzlei in Köln. Sie hat sich unter anderem auf Freiberufler in den Medien spezialisiert, betreut eine Vielzahl von Journalisten und Textern und ist mit deren besonderen Fragestellungen vertraut. Susanne Günter versteht sich darüber hinaus auch als betriebswirtschaftliche Begleiterin ihrer Mandanten.
Kontakt:
kanzlei@steuerberatung-guenter.de
Homepage:
www.steuerberatung-guenter.de

Gesa Hellwig arbeitet als Coach in Köln und bietet Unterstützung bei der Akquise, Beratung und Seminare an. Sie hat sich darauf spezialisiert, gemeinsam mit ihren Kunden Auswege aus beruflichen Sackgassen zu finden und die berufliche Entwicklung voranzutreiben.
Kontakt:
info@gh-medienet.de
Homepage:
www.gh-medienet.de

Dr. Kerstin Hoffmann ist Kommunikationsberaterin. Sie begleitet Unternehmen in ihrer gesamten Kommunikation, strategisch und operativ. Dabei verbindet sie die klassische PR mit den neuen Medien des Social Web. Bekannt ist sie in Deutschland vor allem durch ihr Blog »PR-Doktor«, www.pr-doktor.de.
Kontakt:
kontakt@pr-doktor.de
Homepage:
www.kerstin-hoffmann.de

Peter Krosanke ist bei der DATEV eG, dem genossenschaftlich organisierten IT-Dienstleister, für betriebswirtschaftliche Beratung zuständig. Der Diplom-Handelslehrer absolvierte sein Studium der Wirtschaftspädagogik an der Universität Mannheim. Als Mitarbeiter im DATEV-Consulting gehören Seminare für Banken zur Bonitätsprüfung mit DATEV-Unterlagen zu seinen Schwerpunkten. Darüber hinaus berät und schult er Kanzleien, Unternehmen, Kammern und Verbände. Peter Krosanke ist ein etablierter Referent und Autor unterschiedlichster Seminare im Bereich des unterjährigen Controllings.
Kontakt:
peter.krosanke@datev.de
Homepage:
www.datev.de

Quellen und Informationen

Bücher

Ackstaller, Susanne, Evers, Momo und Hacke, Constanze (Hrsg.): *Treffpunkt Text. Das Handbuch für Freie in Medienberufen*, Frankfurt/Main 2006

Buhr, Andreas: *Vertrieb geht heute anders. Wie Sie den Kunden 3.0 begeistern*, Offenbach 2011

Bundesministerium für Wirtschaft und Technologie (Hrsg.): *GründerZeiten Nr. 11. Kooperationen*, Berlin 2010

Christ, Susanne: *Altersvorsorge für Selbstständige und Freiberufler*, Freiburg 2009

Detroy, Erich-Norbert und Scheelen, Frank M.: *Jeder Kunde hat seinen Preis*, Regensburg 2010

Engelken, Eva: *Der Rechtsratgeber für Existenzgründer*, München 2009

Goldstein, Elmar: *Belege richtig kontieren und buchen*, München 2009

Goldstein, Elmar: *Betriebsausgaben von A-Z*, Freiburg 2010

Golms, Birgit, Sonnenberg, Gudrun: *Homeoffice. Erfolgreiches Heimspiel dank Zeit- und Selbstmanagement*, Zürich 2009

Hofert, Svenja: *Praxisbuch für Freiberufler*, Hallbergmoos 2010

Liebmann, Heide: *Der Nasenfaktor*, Frankfurt/Main 2007

Kettl-Römer, Barbara: *Wege zum Kunden. Akquise für Existenzgründer, Freelancer und Kleinunternehmer*, Wien 2008

Röthlingshöfer, Bernd: *Werbung mit kleinem Budget: Der Ratgeber für Existenzgründer und Unternehmen*, München 2008

Schüller, Anne M.: *Kunden auf der Flucht? Wie Sie loyale Kunden gewinnen und halten*, Zürich 2010

Internet

Das Blog zum Buch:
www.selbststaendig-und-dann.de

Blogprojekt. Tipps und News für neue und professionelle Blogger:
www.blogprojekt.de

Bundesagentur für Arbeit. Jobbörse:
http://jobboerse.arbeitsagentur.de

Bundesministerium der Justiz: *Gesetz über Partnerschaftsgesellschaften Angehöriger Freier Berufe*, http://www.gesetze-im-internet.de/partgg/index.html

Bundesministerium für Familie, Senioren, Frauen und Jugend. Portal für Kinderbetreuung:
www.frühechancen.de

Bundesministerium für Wirtschaft und Technologie. Unternehmensportal:
www.bmwi-unternehmerportal.de

Bundesverband der Freien Berufe, Berlin:
www.freie-berufe.de

Deutsche Gesetzliche Unfallversicherung:
www.dguv.de

ELSTER, die elektronische Steuererklärung:
www.elster.de/elster_soft_nw.php5

Hacke, Constanze: *Das Bauchladen-Prinzip? Zielgruppenorientierung für Steuerberater*, www.stb-web.de 2010

Hoffmann, Kerstin: *Erfolg 2.0: Social Media und klassische Kommunikation*, http://kerstin-hoffmann.de/Downloads/Erfolg_2.0.pdf 2010

Institut für Freie Berufe, Nürnberg:
www.ifb.uni-erlangen.de

Köhler, Dorothee: *So klappt das mit dem Webinar*, www.dorothee-koehler.de 2010

Krieb, Christine: *Selbstmarketing für Freiberufler. Kunden gewinnen mit Strategie*, www.akademie.de 2009

Liebmann, Heide: *Neupositionierung: Raus aus der Krise, rein in die ganz eigene Nische*, akademie.de 2010

Schwenke & Dramburg Rechtsanwälte Partnerschaftsgesellschaft:
www.spreerecht.de

Weber, Simone: *Ja, auch ein Anwalt kann nicht alles*, www.rechtsanwalt-muenchen.net 2011

Yacobi, Ann: *Marktorientierung für Freiberufler und Selbstständige. Positionieren Sie sich gezielt!*, akademie.de 2010

Zinsrechner für Verzugszinsen:
http://basiszinssatz.info/zinsrechner/

Stichwortverzeichnis